気づけば大人に
なっていたけれど、
わたしは
わたしのままだった

Damme.

BY
AMO

Gakken

(CONTENTS)

Chapter.01 FASHION

Inspiration	014	6 Key Items	016
Fashion Rules	020	Mix and Match	022

Chapter.02 HAIR & MAKE-UP

Make-up 4 Rules	042	Basic Items	044
By Scene	046	Seasonal Make-up	054
Special Talk	057	Styling Tools	058
Basic Hair	059	4 Hair Arrange	060

Chapter.03 BEAUTY

Routines for Beauty	084	Skin Care	086
Body Care	090	Hair Care	092
Daily Routine	094		

Chapter.04 LIFE STYLE

1day Schedule	100	Hello! My Home	102
Check! Fridge	108	Favorite Recipes	110
What's in My Bag?	114	Love It	116

COLUMN	Fashion History	038	Nail Care	064
	Body Make	096	Love App	122

—

BOOK in BOOK AMO's A to Z   065

—

PROLOGUE 004   EPILOGUE 125   STAFF & SHOP LIST 128

メイクも髪もファッションも
着飾ることで強くなれた気がしていたハタチ前後。

そろそろ大人になるべきかもと、環境に馴染もうと、
服も、メイクも、試行錯誤した20代半ば。

そして現在、29歳。
もう誰から見ても大人と呼べる年齢となった今のわたしは
いろいろ一周まわった感じです。

おしゃれすることは相変わらず好きだけど、
強くなるためのおしゃれじゃなくて、
まわりに認めてもらうためのおしゃれでもなくて、
自分自身が心地よく、穏やかにいられるための
おしゃれをしたいと思うようになりました。

意地も背伸びも必要ない。
愛せる自分でいるためには、ただただ等身大でいればいい。

それはファッションだけじゃなく、
メイクや美容、ライフスタイルにおいても
共通して思うこと。

そんな今のわたしの生活を彩るあれこれや
日常の中で感じていることを、
形として残してみたくて、この本を作りました。

手に取ってくださった皆さんにとってこの本が、
日々を心地よく過ごせるヒントになれば、
そしてそれが、皆さん自身の人生を
より豊かにするきっかけになれば嬉しいです。

(Chapter.01)

Fashion

FASHION

INSPIRATION
6 KEY ITEMS
FASHION RULES
MIX AND MATCH
—
COLUMN:
FASHION HISTORY

"きれい" より、"かっこいい" より、
かわいいものがずっと好き。
その熱量は、10代の頃と変わらない。

だけど "かわいい" の選び方や取り入れ方は
年齢やライフスタイルの変化とともに
少しずつアップデートしています。

心の成長や、からだつきの変化を見逃さず、
そのときそのときの自分にフィットする
"かわいい" と出会い続けたい。

Chapter.01 / FASHION 014

INSPIRATION
AMO式コーデのもと。

映画やInstagram、本や雑誌。その中に見つけた"好き"を集め、自分らしいスタイリングに落とし込んでいます。

@ Movie

映画は一番のインスピレーションのもと。なかでも、この3人は特別な存在。

2001 Amélie
AMÉLIE POULAIN

『アメリ』のアメリ
赤やグリーンなど、パリジェンヌらしい鮮やかな色をアンニュイに着こなしています。

1968 Slogan
EVELYNE NICHOLSON

『スローガン』のエヴリン
'60〜'70年代のジェーン・バーキンは、わたしのインスピレーションの源です。

1985 L'Effrontée
CHARLOTTE CASTANG

『なまいきシャルロット』のシャルロット
ボーダーTにデニムパンツという王道フレンチスタイルながら、洗練された抜け感。

I am me.

@ Instagram of Parisienne

パリの日常を身近に感じながら、リアルなトレンドを発見できる。

@fantineguyot

ACCOUNT:
@parisianvibe

@sasha_chiu

ACCOUNT:
@frenchgirldaily

@kaminav

ACCOUNT:
@laparisiennestylee

@laugh_of_artist

ACCOUNT:
@onparledemode

@ines.heli

ACCOUNT:
@lestylealafrancaise

@ Book & Magazine

こちらもパリのものばかり。ファッションのみならず、生き方を考えるきっかけにも。

個性を大切に生きる女性たちの姿から、日々を自分らしく生きるヒントを得られる。

『パリジェンヌのあこがれ、"ギャルソンヌ"になるためのレッスン』ナヴァ・バトリワラ 著（日本文芸社）

40人のパリジェンヌのファッションやインテリア、リアルなライフスタイルがまとまった1冊。

『フィガロジャポン パリジェンヌ 40人の着こなし実例集 パリジェンヌスタイルブック』（CCCメディアハウス）

笑えるほど自由気ままでありながら、自分の意志を強く持つ4人の著者に憧れがつのる。

『パリジェンヌのつくりかた』カロリーヌ・ド・メグレ、アンヌ・ベレスト、オドレイ・ディワン、ソフィ・マス 著 古谷ゆう子 訳（早川書房）

Chapter.01／FASHION

#6 KEY ITEMS
6つのマストアイテムたち。

№01 FLAT SHOES

子どもを走って追いかけられる快適さ、それでいてかわいらしさと
きちんと感もある。ガーリー好き子育て世代のマストアイテム。

a.雨の日も履ける防水加工が嬉しい。〈Repetto〉**b.**コーデのスパイスとなるレオパード柄。〈RUBY AND YOU〉**c.**春夏に履きたいきれいなライムイエロー。〈Repetto〉**d.**コーデをクラシカルにまとめたいときの1足。〈Repetto〉**e.**どんなスタイリングにも馴染むエクリュ。〈Repetto〉**f.**5年愛用している定番バレエシューズ。〈Repetto〉**g.**コーデのアクセントとなるオレンジ。柔らかく履き心地バツグン。〈Martiniano〉**h.**ガーリー感と大人らしさを兼ね備えたベージュパテント。〈Maryam Nassir Zadeh〉**i.**大人なくすみパステル。〈Repetto〉

№ 02 WHITE BLOUSE

ぱっと華やぎ品よく仕上がる、大人だからこそ着たい甘めトップス。

№ 03 OVERALLS

動きやすさと着まわし力。素材や色違いで15本ほどクローゼットに。

a.ヴィンテージのような繊細なレース使いが美しい。〈Jane Marple〉**b.**総レースで甘く仕上げたブラウス。サイドのレースアップもポイント。〈RUBY AND YOU〉**c.**コンパクトなショート丈。デコルテまわりをきれいに見せてくれるデザイン。〈RUBY AND YOU〉**d.**華奢な肩ストラップできれいめな印象に。〈Whim Gazette〉**e.**メンズのワークウェア感あるシルエット。あえてガーリーなトップスと合わせて着ます。〈UNIVERSAL OVERALL〉**f.**秋冬にヘビロテ確実なコーデュロイ素材。肉厚ニットもインできるワイドな身幅。〈RUBY AND YOU〉

Chapter.01 / FASHION

№ 04 BERET

カジュアル、シックどちらにも。パリっぽさを演出できる名脇役。

№ 05 GINGHAM CHECK

クラシックなガーリー感が、上品な甘さをプラスしてくれる。

a–d.ベレー帽は古着屋さんで見つけることが多い。よく使うのはこの4色。クローゼットには、ベレー帽がぜんぶで10個くらい入っています。〈すべて古着〉**e.**パフスリーブと、リボン結びにするバックデザインでかなりガーリーな1着。デニムと合わせて着ることが多いです。〈RUBY AND YOU〉**f.**カジュアル、きちんと、どちらにも対応できる着まわし力が高いシャツ。〈Steven Alan〉**g.**生地をたっぷり使ったふんわり広がるシルエット。〈RUBY AND YOU〉**h.**保護者会やフォーマルな場所に着ていけるきれいめデザイン。〈agnès b.〉

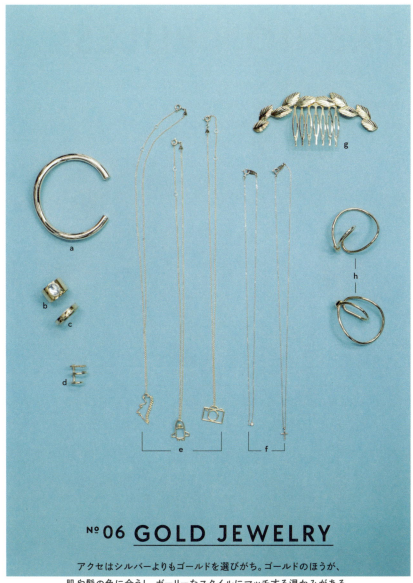

№ 06 GOLD JEWELRY

アクセはシルバーよりもゴールドを選びがち。ゴールドのほうが、肌や髪の色に合うし、ガーリーなスタイルにマッチする温かみがある。

a.さり気ないウェーブが美しいバングル。〈CONTROL FREAK〉**b.**指を華奢に見せてくれる太めのリング。〈SYKIA〉**c.**シンプルだけど存在感がある親指用リング。〈BEAUTY & YOUTH〉**d.**友人からのバースデープレゼントのイヤカフ。〈MARIA BLACK〉**e.**モチーフにひと目ボレしたネックレスたち。左から、息子が大好きな恐竜モチーフ、さり気ない一粒パールが美しいロケットモチーフ、子どもウケのいいカメラモチーフ。〈すべてALIITA〉**f.**ファッションに馴染む2本のネックレス。左から、何にでもフィットする一粒ダイヤ、無地Tに合わせるとポイントになるクロスモチーフ。〈ともにete〉**g.**葉っぱが連なったどこかファンタジーなデザインのヘアコーム。〈MARTE〉**h.**ひとくせあるデザイン。安心感のあるつけ心地のイヤカフ。〈gray〉

#FASHION RULES

着こなしのきまりごと。

好きな服を自由に着てきたけれど、削ぎ落とされて好きなものが
定まってきた今。わたしらしい着こなしのきまりごとは、この4つ。

RULE.01

GIRLY × CASUAL

☑ ガーリー × カジュアル

ガーリーとカジュアルの相反したミックス感がわたしらしい。
大人なくすみトーンの花柄ブラウスはベルスリーブで個性的なシルエット〈RUBY AND YOU〉、
クリーンな印象の白のサロペット〈UNIVERSAL OVERALL〉、バレエシューズ〈Repetto〉

I am me.

RULE. 02

WHITE × DENIM
☑ 迷ったら白×デニム

RULE. 03

BLACK ITEMS
☑ 甘めコーデは黒小物で引き締める

RULE. 04

HIGH WAIST
☑ ボトムはハイウエスト

RULE. 02

白×デニムの王道な組み合わせは、オトナかわいいスタイリングの基本。

ヴィンテージのような繊細なレース使いのブラウス〈Jane Marple〉、スカートのようにも見えるワイドなデニム〈ALEXIA STAM〉、バレエシューズ〈Repetto〉

RULE. 03

フリルたっぷりの甘めワンピは、ブラックでトーンダウンするくらいがちょうどいい。

ベレー帽〈agnès b.〉、甘いデザインだけど色味が落ち着いたワンピース〈Candy Stripper〉、フォーマルにも対応できるバッグ〈RUBY AND YOU〉、ウィングチップシューズ〈Church's〉

RULE. 04

スタイルアップはもちろん、トップスとのバランス感が今の気分。

コンパクトなショート丈ニット〈RUBY AND YOU〉、腰の位置が高く見える股上深めの美シルエットパンツ〈ANATOMICA〉、安定感のある太めヒールのショートブーツ〈Steven Alan〉

Chapter.01 / FASHION

MIX and MATCH
季節別1週間着まわし。

Season:
SPRING

薄い素材を楽しみながら、まだ肌寒い日にも対応する春。自然と明るいカラーばかりに。

(A) RoujeのロゴTシャツ

長めの袖で女性らしいシルエット。無地では寂しいときに便利。

(B) 古着の半袖ニット

「olgou」で買った古着のニットは6年くらい着ています。春秋に大活躍。

(C) EDIT.FOR LULUの
ニットカーディガン

30歳を目前にして、こういうきれい色に気持ちが戻ってきました。

(D) RUBY AND YOUの
ティアードワンピース

ふわりと広がる甘いシルエット。チュニックとしても着ています。

(E) Shinzoneの
デニムパンツ

わたし的にベストなハイウエスト加減。登場頻度が一番高いデニム。

(F) RUBY AND YOUの
ギンガムスカート

長めの丈と、細かいギンガムチェックで大人に着こなせる。

(G) Steven Alanの
トレンチコート

白を選ぶと、定番のトレンチコートもぐっと新鮮な雰囲気になります。

Day. 01

事務所でミーティング

Ⓑ ＋ Ⓕ ＋ Ⓖ

仕事の日は、きちんと感と自分らしさをバランスよくミックス。大人な印象に仕上げたくて、ロングコート×ロングスカートで縦のラインを意識。ソフトなモノトーンコーデ。

Day. 02

お迎え前にママ友とランチ

Ⓓ ＋ Ⓔ

ガーリーなワンピースをチュニックとしてデニムに合わせて甘さ控えめに。ガーリー×カジュアルな、わたしらしいスタイル。

Chapter.01／FASHION

MIX and MATCH ｜ SPRING ｜ SUMMER・AUTUMN・WINTER

SPRING OUTFIT

\>>>

Day. 03

友達家族と１泊旅行

Ⓐ ＋ Ⓔ ＋ Ⓖ

子どもと過ごす休日は、動きやすさを重視。トレンチコートを合わせて大人らしさもプラスしました。

Day. 04

美容院へ

Ⓒ ＋ Ⓓ

ミニワンピには、ロングブーツを合わせるのが好き。たまにはこんなガーリー全開なスタイルも楽しい♡

I am me.

Day. 05   **Day. 06**   **Day. 07**

砧公園でお花見   家族で映画館へ   友達と中目黒ランチ

Ⓑ + Ⓔ   Ⓐ + Ⓒ + Ⓕ   Ⓓ + Ⓖ

白トップス×デニム×かごバッグは、わたしにとって定番の組み合わせ。レオパードシューズでアクセントを。

ボリューミーなスカートは、上半身をコンパクトにしてバランスよく。クラシカルな雰囲気に仕上げました。

オールホワイトコーデをブラウンタイツで引き締め。きれいめになりすぎないようコンバースで抜け感を。

Chapter.01 / FASHION　　　　026

Season :
SUMMER

色、柄、素材などを思い切り楽しみたい夏。
シンプルにまとめつつ小物でアクセントを。

A URBAN RESEARCHの
キャミソール

カップ入りなので1枚で着られて便利。
どんな服にも合うベーシックなカラー。

B PETIT BATEAUの
白Tシャツ

Sサイズをチョイス。ちょっとだけタイトなくらいが今の気分です。

C RUBY AND YOUの
ギンガムトップス

シャーリングでからだにフィットし、着痩せ効果も。デニムと相性抜群。

D RUBY AND YOUの
シースルーブラウス

Tシャツやタンク、キャミワンピにバサッと羽織るだけで、こなれ感が出ます。

E Baserangeの
リブスカート

かなり長めの丈感。ニット素材だけど夏でも涼しく着られます。

F GANNIの柄パンツ

ウエストがゴムなので、とてもラク。柄パンツは意外と万能！

G Spick & Spanの
デニムサロペット

ボーイズライクなデザインだけれど、きれいめな雰囲気にもよく合います。

MIX and MATCH ｜ SPRING ・ SUMMER ・ AUTUMN ・ WINTER

Day. 01
家族でショッピングモールへ

柄パンツはこってりより、抜け感のあるコーデに仕上げたい。パンツを主役に、トップスはシンプルに。パンツの柄に合わせたグリーン系小物で同系色にまとめました。

Day. 02
ブランドのビジュアル撮影で地方ロケ

C ＋ G

裏方仕事のときは動きやすさを重視。甘めトップスで、自分らしさも忘れない。白サンダルでとことん爽やかに。

Chapter.01 ／ FASHION

SUMMER OUTFIT

MIX and MATCH | SPRING・SUMMER・AUTUMN・WINTER

>>>

Day. 03

Day. 04

展示会めぐり

Ⓑ ＋ Ⓓ ＋ Ⓔ

たくさん街歩きする日はノンストレスな服装＆足元に。シースルーブラウスがお出かけ感を演出してくれます。

友達家族とBBQ

Ⓑ ＋ Ⓖ

カジュアルなアウトドアスタイルは、リボンつきのストローハットや華奢なサンダルで、フェミニンさをちょい足し。

Day. 05   Day. 06   Day. 07

ママ友と飲み会   家族で葉山ドライブ   夏フェスへ

Ⓐ + Ⓓ + Ⓕ

キャミソールにシースルーブラウスを羽織り、露出控えめの肌見せコーデ。夜のお出かけは柄パンツで華やかに。

Ⓒ + Ⓔ

上下タイトなシルエットで女性らしく。合わせる小物をナチュラルアイテムで統一してリラックス感を。

Ⓐ + Ⓖ

楽しくはしゃげるアクティブスタイル。子どもっぽくならないよう全体の色味を控えめにしました。

Chapter.01 / FASHION

Season :
AUTUMN

薄い素材の長袖トップスが活躍する秋。
色味も白やベージュなど落ち着きたい気分。

A RUBY AND YOUの
レースカラーブラウス

首まわり、袖まわりにレースがあしらわれた、身幅たっぷりのブラウス。

B FREAK'S STOREの
ビッグシャツ

ワンピースとしても着られるロング丈。レイヤードを楽しみます。

C RUBY AND YOUの
サーマルカットソー

古着をイメージしたトップス。ボリューム感のある袖がアクセント。

D RUBY AND YOUの
ロングニットカーディガン

長さがあるので、アウターとして秋から冬まで長く活躍してくれます。

E Levi'sの
ベイカーパンツ

ロールアップしてもフルレングスではける長い丈感がめずらしい。

F RUBY AND YOUの
ねこ柄スカート

柔らかな素材でボリュームたっぷりのスカートは、ドレープが美しい。

G EDIT.FOR LULUの
サロペット

手持ちのサロペットの中で最もタイトな女性らしいシルエット。

031　　　　　　　　　　　　　　I am me.

Day. 01
親子で雑誌の撮影

(A) + (G)

ママとしての仕事を受ける日は、サロペットやフラットシューズで動きやすさを意識しつつ、自分らしいガーリー感も忘れずに。

Day. 02
Webマガジンの取材

(C) + (D) + (F)

全体を淡いニュアンスカラーで統一。ゆったりとしたシルエットのアイテムでまとめたので、足元はヒールでメリハリを持たせます。

Chapter.01 ／ FASHION

Day. 03

Day. 04

MIX and MATCH ｜ SPRING ・ SUMMER ・ (AUTUMN) ・ WINTER

AUTUMN OUTFIT

>>>

新宿御苑で紅葉ピクニック

Ⓐ ＋ Ⓔ

パリジェンヌを意識したベーシックなスタイル。レースやカチューシャで少女なディテールを。

代官山ショッピング

Ⓑ ＋ Ⓒ ＋ Ⓖ

辛口な印象の黒サロペットは、ベージュのシャツを羽織ることで柔らかな印象に仕上げます。

033 I am me.

Day. 05　　　　　Day. 06　　　　　Day. 07

ライブハウスへ　　　家族でディズニーランドへ　　　幼稚園の保護者会

Ⓒ + Ⓓ + Ⓔ　　　Ⓐ + Ⓕ　　　Ⓑ + Ⓔ

ロングカーディガンは重心が下がりがちなので、ハイウエストボトムを合わせてバランスよく。ミニバッグで軽やかに。

夢の国には甘めなアイテムを組み合わせたガーリー全開なコーディネートを。足元は歩きやすくカジュアルに。

シャツできちんと感を意識しつつ、かしこまりすぎないようにデニムやバレエシューズで自分らしく。

Chapter.01 ／ FASHION 034

Season :
WINTER

ボリュームある厚地アイテムが増える冬は、
スタイリングの全体バランスが重要です。

A RUBY AND YOUの
襟フリルニット

薄地なのでサロペットの中に着ることも
できる甘めニット。襟がかわいい。

B RUBY AND YOUの
厚地ニット

キーネックで鎖骨がチラ見えしたり、細部にこだわったデザイン。

C UNIQLOの黒スウェット

大きめに着たくて、あえてXLを。ボトムを選ばず着まわし力バツグン。

D RUBY AND YOUの
ニットスカート

普段はミニスカートははかないけれど、冬は白タイツと合わせたい。

E Curensologyの
ロングスカート

超ロング丈なので着まわしがきき、薄地だけれど冬でも暖かい。

F RUBY AND YOUの
2Wayサロペット

サロペットとしてもボトムとしても使うことができる2Way仕様。

G RUBY AND YOUの
チェックコート

たっぷりとした身幅、ドレープの袖など、さり気ないガーリー感。

Day. 01

幼稚園の親子遠足

サロペットをボトムとして着用。あえてルーズ×ルーズのシルエットに。たまにはこんなカジュアルに振り切ったスタイルも新鮮。

Day. 02

映画の試写会へ

淡いトーンでまとめた甘いスタイルには、子どもっぽくなりすぎないようシックなコートを。フリル襟を出すことでアクセントに。

Chapter.01／FASHION 036

WINTER OUTFIT

MIX and MATCH ｜ SPRING・SUMMER・AUTUMN・**WINTER**

>>>

Day. 03　　　**Day. 04**

横浜のクリスマスマーケットへ　　ママ友とフレンチバルで忘年会

B + **E**　　　**A** + **F**

冬らしいノスタルジックな雰囲気。かつてのジェーン・バーキンをまねて、冬でもかごバッグを合わせます。

チェックサロペットが主役のクラシックなスタイル。ベレー帽やウィングチップなどマニッシュな小物で統一。

037　　　　　　　　　　　　　　　　　I am me.

Day. 05　　　　　　Day. 06　　　　　　Day. 07

親戚との食事会　　　　夫とデート　　　　友達宅でホームパーティー

Ⓒ ＋ Ⓔ ＋ Ⓖ　　　　Ⓑ ＋ Ⓓ　　　　　Ⓐ ＋ Ⓔ

全体をシックな色味でまとめて一見き　ニットとスカートをセットアップで着て、　ガーリーなトップスをメインに、ほかは
ちんと感。けれど、スウェットなのでリ　さらに白タイツで潔くオールホワイト　シンプルに。気取りすぎず、適度に
ラックスして過ごせる楽ちんコーデ。　に。黒小物で引き締めます。　　　　特別感のあるお呼ばれ服を意識。

Chapter.01 ／ FASHION

Column :
FASHION HISTORY

約10年間のファッション遍歴。そのときの気分に合わせた自分らしさを表現してきた歴史です。

PASTEL (-2013)
天使やユニコーンなどの幻想的なモチーフ、淡いパステルカラーがトレードマークの10代〜20代序盤。

PARIS (2014)
それまでのファッションから引き算を始め、パリジェンヌのような肩の力の抜けたガーリースタイルに。

CASUAL (2015)
第一子を出産して男の子のママになり、動きやすさが何よりも最優先！ パンツにスニーカーが定番に。

RELAX (2016)
育児に奮闘する日々。少しでも心が穏やかに保てるよう、着心地のよさや、優しい色づかいが服選びの基準に。

GIRLY (2017-18)
第二子の女の子を出産。日常的にピンクやリボンを目にして、わたしの中でもガーリームードが再来！

PLAY! FASHION

BEING MYSELF (2019-)
育児とファッションを自分らしく両立しながら等身大に楽しむスタイルが、ようやく確立できてきた。

NOW

(Chapter.02)

Hair & Make-up

HAIR & MAKE-UP

MAKE-UP 4 RULES
BASIC ITEMS
BY SCENE
SEASONAL MAKE-UP
SPECIAL TALK
STYLING TOOLS
BASIC HAIR
4 HAIR ARRANGE
—
COLUMN:NAIL CARE

MAKE-UP

コンプレックスはチャームポイント。

肌の色がひとりひとり違うように、
目の形だって、唇の厚みだって、
みんな違ってあたりまえ。

メイクはその個性を隠すものじゃなく、
いかして魅力的にし、
自己肯定感をアップさせるためのもの。

盛るのが楽しい時代もあったけど、
今は"素"の自分らしさをいかすメイクが心地いい。

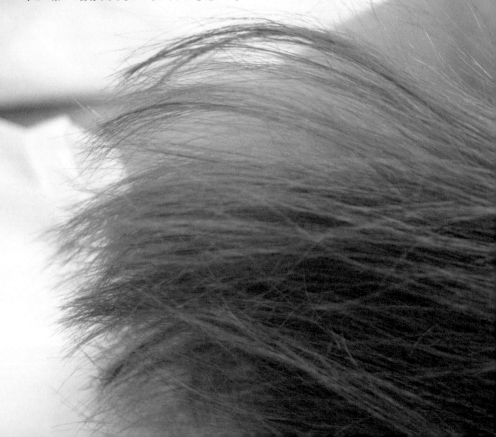

I am me.

Rule. 02
(WASH OFF WITH SOAP)

石鹸で落ちる

4つのルール。 # 4 Rules

Rule. 04
(CLEAR COLOR LIP)

はっきりとした色のリップを

Chapter.02 ／ HAIR & MAKE-UP　　　044

FAVORITE
11 Items.

Ⓐ 〈THREE〉の
プリスティーン
コンプレクションヴェール

「軽い仕上がりで、けれどきちんと肌トーンを整えてくれる」

Ⓑ 〈FEMMUE〉の
エバーグロウクッション

「薄づきだけど肌のくすみをカバーして、みずみずしさをプラス」

Ⓕ 〈Celvoke〉の
インディケイト
アイブロウマスカラ

「アイブロウに艶をプラスしてくれるパールタイプのマスカラ」

Ⓖ 〈UZU〉の
MOTE
MASCARA

「柔らかな目元を演出してくれるブラウンカラーが、わたしの定番」

Ⓗ 〈THREE〉の
インディストラクティブル
アイライナー

「アイライナーは筆の描きやすさが命。色はWILD BEAUTY」

Basic Items...

基本のアイテムたち。

Ⓒ 〈rms beauty〉の
ルミナイザークワッド

「ハイライト、アイシャドウ、チークになるマルチな4色パレット」

Ⓘ 〈THE PUBLIC ORGANIC〉の
精油カラーリップスティック

「ノーメイクやナチュラルメイクにも合うノーブルオレンジの薄づきリップ」

Ⓓ 〈naturaglacé〉の
アイカラーパレット

「肌馴染みのよいオレンジゴールド系のカラーをチョイス」

Ⓙ 〈BOBBI BROWN〉の
パーフェクトリー ディファインド ロングウェア ブロー ペンシル

「Taupeの色味が、わたしのハイトーンヘアカラーによく馴染みます」

Ⓔ 〈Celvoke〉の
インディケイト アイブロウパウダー

「ハイトーンヘアカラーに合うオレンジブラウンのパウダー」

Ⓚ 〈Celvoke〉の
カムフィー スティックブラッシュ

「スティックタイプで塗りやすいチークはオレンジブラウンを」

BY SCENE
シーン別メイクアップ。

(10 MINUTES)

Type. 01 10分メイク

時間のない平日朝のメイクは、オールインワンクリームなどクイックなアイテムを使い、最小限のコスメと簡単なステップで完成させます。疲れ顔に見えないよう、ツヤ感や自然な血色感をオン。

01 〈naturaglacé〉のメイクアップクリーム（**1**）を顔全体に伸ばし、肌色を整える。

02 〈THREE〉のパウダーファンデーション（**2**）でテカリをおさえる。

03 〈rms beauty〉の4色パレット（**C**）の左上カラーを眉上にポンポンとのせる。

04 同様に、目頭にもポンポンとのせる。

05 〈Celvoke〉のチーク（**K**）を頬骨の下に伸ばし、すぐ上に（**C**）の右下カラーを。

06 〈rms beauty〉の4色パレット（**C**）の右上カラーを二重幅に。

07 〈innisfree〉のアイシャドウ（**3**）で、黒目の上と下のまぶたにグリッターをオン。

08 〈UZU〉のマスカラ（**4**）をまつ毛の上側に塗り、カールは控えめに。

09 〈ettusais〉のアイブロウパウダー（**5**）で眉毛の足りない部分を埋める。

10 〈THE PUBLIC ORGANIC〉のリップ（**I**）をラフに塗り、唇に自然な発色を。

Use items

(Basic items)

1.〈naturaglacé〉のメイクアップ クリームN（シャンパンベージュ）**2.**〈THREE〉のプリスティーンコンプレクションパウダーファンデーション（ミドルカラー）**3.**〈innisfree〉のマイアイシャドウ グリッター（1番）**4.**〈UZU〉のMOTE MASCARA（BURGUNDY）**5.**〈ettusais〉のチップオン アイブロウ WP（オリーブブラウン）

(PARISIENNE)

Type. 02 パリジェンヌ風メイク

'60〜'70年代のフランス映画の女優のように、華やかでありながら、どこかアンニュイな印象に。
主役は、はっきりとした色のリップ。ベースは素肌感を残してナチュラルに仕上げ、程よい抜け感を。

01

〈THREE〉のプライマー（**A**）を顔全体に伸ばし、肌トーンを整える。

02

〈FEMMUE〉のクッションファンデ（**B**）を顔全体にのせ、くすみをカバー。

03

〈Rouje〉のリップパレット（**1**）の右上カラーを、頬の一番高いところにのせる。

04

〈Celvoke〉のパウダー（**E**）の上2色を混ぜ、眉頭→眉尻の順にのせる。

05

〈BOBBI BROWN〉のアイブロウペンシル（**J**）で眉尻の形を整える。

06

〈Celvoke〉のアイブロウマスカラ（**F**）で眉毛にもツヤ感をプラス。

07

〈THREE〉のアイライナー（**2**）でまつ毛のキワを埋め、目尻は自然に伸ばす。

08

〈UZU〉のマスカラ（**G**）をまつ毛の上側に塗り、カールは控えめに。

09

〈Rouje〉のリップパレット（**1**）の左上カラーを指でリップにオン。

Use items

Ⓐ　Ⓑ　Ⓔ　Ⓕ　Ⓖ　Ⓙ

（Basic items）

1.〈Rouje〉のリップ パレット **2.**〈THREE〉のクリスタルビジョンインテンシブアイライナー（DIVINE SYMMETRY）

Chapter.02 / HAIR & MAKE-UP　　　050

(ORANGE COLOR)

Type. 03 オレンジメイク

潔くワントーンでまとめるのが好きなので、思い切ってオレンジコスメで統一。のっぺりとした印象にならないよう、ツヤ感を大事に。おしゃれ顔になれるカラーメイクは、いつもと少し気分を変えたい日におすすめ。

01
〈naturaglacé〉の下地（**1**）を顔全体に伸ばし、肌色を整える。

02
〈naturaglacé〉のカラー下地（**2**）を目の下中心にのせ、くすみや色ムラ補正。

03
〈rms beauty〉の部分用ファンデ（**3**）を目の下のくまなど気になる場所にオン。

04
〈THREE〉のパウダーファンデーション（**4**）でテカリをおさえる。

05
〈naturaglacé〉のチーク（**5**）を小鼻の横から水平に目尻の下までのせる。

06
P49の04〜06の手順で眉を描き、〈to/one〉のアイシャドウ（**6**）を二重幅に。

07
〈to/one〉のリキッドアイライナー（**7**）を目のキワ全体に引く。

08
〈Celvoke〉のマスカラ（**8**）をまつ毛の上側に塗り、カールは控えめに。

09
〈OSAJI〉のリップスティック（**9**）をラフに塗る。

10
〈OSAJI〉のリップグロス（**10**）を唇の真ん中1/3くらいに重ねて色と艶をプラス。

Use items

(Basic items)

1.〈naturaglacé〉のスキンバランシング ベース **2.**〈naturaglacé〉のカラーコントロール ベース（バイオレット） **3.**〈rms beauty〉のアンカバーアップ（ベージュオークル） **4.**〈THREE〉のプリスティーンコンプレクションパウダーファンデーション（ミドルカラー） **5.**〈naturaglacé〉のタッチオンカラーズ（カラー／オレンジ） **6.**〈to/one〉のペタル アイシャドウ（オレンジ） **7.**〈to/one〉のリキッドアイライナー（アプリコットブラウン） **8.**〈Celvoke〉のインラプチュア ラッシュ（パーシモン） **9.**〈OSAJI〉のニュアンス リップスティック（Page） **10.**〈OSAJI〉のニュアンス リップグロス（Senkou）

(FORMAL)

Type. 04 フォーマルメイク

肌をしっかり作り込んだぶん、目元はブラウン系でまとめて柔らかい印象に。リップも肌馴染みがよく、主張しすぎない色味をチョイス。TPOを意識したファッションにマッチする大人メイクです。

I am me.

01
〈Amplitude〉のリキッドベース(**1**)を顔全体に伸ばし、肌色を整える。

02
〈OSAJI〉のコンシーラー(**2**)を頬骨にのせる。

03
〈Amplitude〉のリキッドファンデーション(**3**)を顔全体にしっかり重ねる。

04
〈THREE〉のパウダーファンデーション(**4**)でテカリをおさえる。

05
〈Celvoke〉のチーク(**5**)の左カラーをブラシで頬骨に沿ってのせ、血色をよく。

06
P49の04〜06の手順で眉を描き、〈naturaglacé〉のシャドウ(**6**)を二重幅に。

07
〈OSAJI〉のアイシャドウ(**7**)をチップで目にキワに。

08
〈THREE〉のアイライナー(**H**)でまつ毛のキワを埋め、目尻は自然に伸ばす。

09
〈UZU〉のマスカラ(**G**)をまつ毛の上側に塗り、カールは控えめに。

10
〈THREE〉のリップスティック(**8**)はリップ感覚で直塗りして馴染ませる。

Use items

(Basic items)

1. 〈Amplitude〉のクリアカバー リキッドベース 2. 〈OSAJI〉のニュアンス スキンエフェクター (01)
3. 〈Amplitude〉のロングラスティング リキッドファンデーション (10) 4. 〈THREE〉のプリスティーンコンプレクションパウダーファンデーション(ミドルカラー) 5. 〈Celvoke〉のカムフィー ブラッシュ(ピンクベージュ) 6. 〈naturaglacé〉のタッチオンカラーズ(パール／アイボリー) 7. 〈OSAJI〉のニュアンス アイシャドウ (Tsubomi) 8. 〈THREE〉のデアリングリィデミュアリップスティック (VOICE OF FREEDOM)

Chapter.02 / HAIR & MAKE-UP   054

SEASONAL MAKE-UP
季節別、ちょい足しコスメ。

(Season) SPRING
(Item) COLOR MASCARA

〈RMK〉の
Wカラーマスカラ

ほかにはない鮮やかなピンクが目元に強いアクセントを。カラーをワンポイント使うだけで、ぐっとおしゃれ顔に。気分に合った色を選んで。

(Season) SUMMER
(Item) HIGHLIGHT

〈to/one〉の
ルミナイザー

なるべく薄メイクでいたい夏。ハイライトを部分的にのせて、ふと陽があたったときにキラリと艶めくくらいがちょうどいい。イエローのキラキラが夏らしい。

I am me.

(Season) **AUTUMN**

(Item) **EYE SHADOW**

〈SUQQU〉の
デザイニング カラー アイズ

目元にのせるカラーによって印象はガラリと変化。秋はこっくりとしたメイクが気分で、ブラウンやパープルの出番が多め。パレット色は月霞。

(Season) **WINTER**

(Item) **LIP GLOSS**

〈to/one〉のペタル
エッセンス グロス

この色はモーブブラウン。ニットに合うのは、深く濃い赤やブラウン。服が厚地になるからこそ、口元にとろんとしたツヤ感が欲しくなるもの。

HAIR

じつは服よりメイクより、
その日の自分に
自信を持たせてくれるのが髪。

前髪がうまく巻けた日は、
朝からごきげん。
帰り道も少し遠回りしてみたり、
誰かに会いたくなって
楽しい予定が生まれたり。

髪が整うと、心も整う。
自分を好きになりたいのなら、
まずは髪に気持ちを向けてみよう。

(SPECIAL TALK)

AMO's Hair meets Bettie

17歳の頃からずっとわたしの髪を担当してくれている「Bettie」の山本さんとヘア遍歴トークを。

そのときの気持ちに合わせてヘアが変化

山本さん「『Zipper』のストリートスナップにすごくかわいい子がいると思って、紹介してもらったのがキッカケだよね」
AMO「そう! それからサロンモデルとしてだけでなく、相談も嬉しいことの報告も、山本さんには何でも話しています」
山本さん「10年以上、ずっと近くでAMOちゃんを見てきました。結婚や出産など、さまざまな環境や心境の変化にともなってヘアスタイルは変わってきましたが、彼女らしい部分はそのまま」
AMO「結婚しておなかに子どもがいるとわかったときに、派手な髪色をやめて、ファンの方たちに驚かれたのですが、わたしにとっては本当に自然なことだったんです。あの頃にヘアもばっさりボブにして…」
山本さん「AMOちゃんのヘアは、ちょっとだけくせがあるので、ボブでもニュアンスが出るんです。それに、きれいに色が出るのでカラー向き」
AMO「産後に髪質が変わり、くせが強くなった気がします。もうしばらくボブを楽しもうかなぁ。7年ぶりにピンクカラーに挑戦したいな」

Bettie
🏠 東京都渋谷区神宮前4-26-28
　ファンファンビル3F
📞 03-6434-9873
🕐 平日12:00〜20:00
　土日祝11:00〜20:00
　[定休日] 火曜日／第1・3月曜日
🔗 http://bettie.tokyo/

Chapter.02 ／ HAIR & MAKE-UP　058

Styling Tools....

基本のアイテムたち。

A 〈SALONIA〉のセラミック
カールヘアアイロン

「カールヘアアイロンは、19mmのものを使っています。この細さなら、ショートボブでも巻きやすい」

D 〈Bioprogramming〉の
ヘアビューロン 4D Plus

「ダメージをおさえながらストレートヘアにしてくれるヘアアイロン。くせ毛のわたしの強い味方です」

B 〈product〉の
ヘアワックス

「束感や毛先のニュアンス作りに、ヘアワックスは欠かせません。ダマスクローズのいい香りもたまらない」

E 〈O by F〉の
スムースミスト

「ドライヤーやヘアアイロン前に、髪の化粧水でケア。ヘアカラーをしているので乾燥対策に気をつかっています」

C 〈MY HONEY REMEDY〉の
ザ・ハニーオイル"ブレス"

「ウェットヘアの必需品。ヘアオイルはいろいろ持っていますが、これははちみつのリアルな香りが好き」

F 〈john masters organics〉の
スリーキングスティック

「マスカラタイプのスタイリング剤は、産後に髪の毛が減って以来増えてきたアホ毛を落ち着かせたり、ニュアンス作りに」

(BASIC HAIR)

くせ毛をいかした柔らかなウェーブ感。
毛の流れを一定にしないようミックス巻きをして
ゆるいシルエットに。

PROCESS: 01.まずはヘアが傷まないようにミスト（E）を。02.毛先をコテ（A）で内巻きに巻く。03.前髪も内巻きに巻く。04.前髪の両サイドを外巻きに。05.顔まわりの毛も外巻きに。06.ワックス（B）とオイル（C）を毛先全体にもみ込む。07.外巻きにした前髪の毛先にワックスを。

SIDE　BACK　360°

4 HAIR ARRANGE

楽ちんヘアアレ、4つ。

簡単ステップで
きちんと感が実現

Arrange. 01
(HEADBAND)

少女らしさを残しながらも、クリーンな印象に。
無造作ヘアでボリュームを持たせるのが今の気分。

(L) 前髪は9:1分けで、ねじってからカチューシャで固定。ねじったときに飛び出た産毛は無造作ってことで、あえて気にしない♡ **(R)** 毛先はドライヘアにしてボリュームを出し、トップはカチューシャをオンしてタイトに。このバランス感が旬っぽい。

(L)ハーフアップは分け目をギザギザにして、ざっくりラフにまとめるのが正解。毛先に動きがあると、さらにこなれ感アップ。(R)結んだヘアゴムの上にくるっとスカーフを巻く。ちょっとアシンメトリーに結ぶと、きっちりしすぎず◎。スカーフ次第で表情が変化します。

Arrange. 02

(SCARF)

短い髪でも華やかになれるハーフアップ。ふんわり感を残してくるりとスカーフを巻くだけで、小顔効果も。

顔まわりをおしゃれに彩るスカーフ使い

(L) サイドに編み込みをしてバレッタで留める。バレッタの位置は耳上くらいがベスト。**(R)** 9:1分けで両サイドを編み込み。そのとき産毛はあえてそのまま残しておくと、抜け感につながります。

Arrange. 03
(BARRETTE)

シンプルなファッションの遊びアクセントとなるバレッタは、アレンジなしでつけてもいい感じに。

かわいいバレッタを集めるのが楽しみ

Arrange. 04
(WET HAIR)

前髪を伸ばしている途中によくやるワザ。ねじり部分のラインがきれいに出るようにウェット仕上げに。

程よいハンサムさが甘コーデのスパイスに

(L) オイルでウェットに仕上げた後、ななめに9:1分けして、前髪を含んだ毛束をうしろに向かってねじり上げる。**(R)** そのままねじりながら毛束で小さな輪っかを作り、崩れないようヘアピンで留める。ふわっとしたポンパドールよりシャープなほうが今の気分。

Chapter.02 / HAIR & MAKE-UP

Column :
NAIL CARE

平日は素爪で過ごし、家事をさぼれる週末の楽しみがハンドネイル。爪がきれいだと、心なしか所作も丁寧になる。

01.〈THREE〉のネイルポリッシュ（左:TRANSLUCENT YOU 右:LAVA FIELD） 02.〈OSAJI〉のアップリフト ネイルカラー（左:Doukutsu 右:Eri） 03.〈PAUL & JOE〉のネイル ポリッシュ（シーサイドコテージ） 04.〈uka〉のカラーベースコート ゼロ（3/0） 05.左:〈OSAJI〉のコンフォータブル ベースコート 右:コンフォータブル トップコート 06.〈OSAJI〉のコンフォータブル ネイルリムーバー 07.〈NAILS INC〉のスーパーフードブースター ネイル トリートメント 08.〈Aēsop〉のレスレクション ハンドバーム 09.〈nahrin〉のセンシュアル ロールオン

01.NAIL POLISH
02.NAIL COLOR
03.NAIL POLISH
05.BASE & TOP
04.COLOR BASE
06.NAIL REMOVER
07.TREATMENT
08.HAND BALM
09.AROMA OIL

Book in Book :

I want you to know about me.

AMO's

A GUIDE TO AMO'S FAVORITE THINGS

CONTENTS
—

A:*ARNE JACOBSEN* B:*Book* C:*Costco* D:*Diptyque* E:*Eco*
F:*Flower* G:*Glasses* H:*Herb Tea* I:*Ice Cream* J:*Juice Cleanse*
K:*Kids Fashion* L:*LEMONADE* M:*Mom Life* N:*Notebook* O:*Oral Care*
P:*Period* Q:*Questions for My Loves* R:*RUBY AND YOU*
S:*Social Media Detox* T:*Travel* U:*UNIQLO BRATOP*
V:*Vegan Once a Week* W:*Wedding* X:*Xmas* Y:*YouTube* Z:*Zipper*

AMO's A to Z　A―D

A

Unforgettable memories

ARNE JACOBSEN

わが家を彩るすてきなフォントたち

　デンマークの建築家アルネ・ヤコブセン。彼がデザインしたシンプルで美しく、温かみがあるフォントが好きで、壁掛け時計やカレンダー、子どものアルバムなど、そのフォントが施されたアイテムがわが家のあちこちに。

Favorite 8 books

Love books

『嫌われる勇気』岸見一郎、古賀史健 著（ダイヤモンド社）／『ゼロ・ウェイスト・ホーム』ベア・ジョンソン 著　服部雄一郎 訳（アノニマ・スタジオ）

B

貴重なひとり時間のおとも

　子どもたちが赤ちゃんのときは余裕がなくてなかなか読めなかったぶん、最近は空前の読書ブーム。ひとり時間を見つけると、ひたすら本を読んでいる。写真は、ここのところ読んで心に響いたり、気づきがあったり、生活によい変化をくれた本たちです。

Book

ここでしか買えないものがたくさん！

月に1、2回利用しているコストコ。めずらしい調味料やオーガニック食材も豊富で、普段のスーパーでの買い物では味わえない楽しさがある。わが家がいつもリピート買いしている商品を紹介します。

C

1. オリーブオイル漬けモッツァレラ 2. オーガニックバナナ 3. 冷麺 4. インスタントフォー 5. トイレットペーパー 6. アーモンドミルク 7. ドライマンゴー 8. オーガニックチキンストック 9. ミニカマンベール 10. オーガニックキヌア 11. コーン缶 12. スプレータイプのオリーブオイル

Costco

Shopping style

They have lovely scents.

夜のリラックスタイムに欠かせない

豊かで深みのある上質な香りが心をほぐしてくれるディプティックのキャンドル。お気に入りはフラワー系。花の甘さだけでなく草原を思わせる青っぽい香りも同時に感じられるのが、香りのストーリー性を大切にしているディプティックならでは。

D

Diptyque

067

E

Eco

Friendly to the earth

**無理なく持続できる
エコアクションを**

　子どもたちが生きていく未来の地球のことを考え、自然とエコ&エシカルな選択をするようになったここ数年。自分の生活の中でできることとして、マイバッグやマイボトルを持ち歩いたり、使い捨てやプラスチックゴミを減らすよう意識しています。

F

Flower

お花の癒やしパワーは絶大！

　季節のお花を見に遠出もするし、お花を扱うワークショップに参加するのも趣味のひとつ。疲れや心のざわつきを感じているときには、お花屋さんに行くのが密かなストレス解消法です。わたしの生活の中には、いつもお花があります。

Good smell...

G

Accent the fashion.

Glasses

めがねのわたし=いつものわたし?

視力が悪いので、じつはいつもめがねをかけています。子どもたちにとっては、めがねをかけているわたしのほうが普段のママのイメージらしい。服装によって使い分けたいから、リーズナブルで種類が豊富なJINSで買うことが多いです。

H

Herb Tea

My fav teas!

からだと心の不調を癒やしてくれる

眠りを深くしたい夜、しゃっきり活動的に過ごしたい朝、生理痛がきついときなど、その日の状態に合わせて選べるよう効能別にいろいろな種類のハーブティーをストック。毎日自分のからだと会話をするようにフレーバーをチョイスしています。

Love it...

I

ごほうびのような特別な存在

「アイスクリームのうた」という童謡を子どもの頃に聴いて以来、わたしの中ではアイスクリームはとっておきの贅沢品。大人になった今でもその意識がずっとあるからか、アイスを食べているときのわたしは子どものように幸せな顔をしているらしい。

Ice Cream

Delicious!

J

Detox my body from the inside.

月に一度、2日間の健康習慣

消化機能を休ませながら、毒素をデトックス。体質改善、生活習慣病の予防ができて免疫力も高められるそう。ジュースクレンズとしてだけでなく、食べすぎた日の翌日やからだが重く感じる日は、食事をコールドプレスジュースに置き換えることも。

Favorite 3 shops
- YES TOKYO（二子玉川）
- Sky High Juice（青山）
- DAVID OTTO JUICE（千駄ヶ谷）

Juice Cleanse

眺めているだけでも元気が出る

　もしかすると自分の服より情熱を注いでいるかもしれない、子どもたちの服。基本はZARAなどのプチプラブランドで揃えながら、日本未上陸の海外ブランドをInstagramで見つけたり。子どもたちと一緒に「これかわいいね」と選ぶのはとても幸せな時間。

K

Kids Fashion

Music is my life.

ずっと聴き続けたい 大切なメロディー

　THE BAWDIESの楽曲の中で、一番好きな曲「レモネード」。ノスタルジックなミドルテンポのメロディーも、甘酸っぱいキュートな歌詞も、心を和ませてくれる。おばあちゃんになっても、きっとずっと聴き続けていると思う、思い入れのある1曲。

L

LEMONADE

They always cheer me up.

N
Notebook

いつでも持ち歩く
オールマイティーな相棒

　日常の中で何かと必要になるシーンが多くて、手帳と一緒に持ち歩いている小さなノート。忘れずにいたい気持ちを書き留めたり、思い浮かんだ服のデザインを描いておいたり、電話しながらメモを取ったり、外出先で子どもにらくがきさせたり…。

M
Mom Life

Just chilling

Inspiration

一緒に子育てを生き抜く戦友たち

　幼稚園送迎の隙間時間、ママ友とランチやお茶をするのが何よりのリフレッシュタイム。子どもたちがつないでくれた不思議な縁で、大人になってからこんなに共感し合えて自分をさらけ出せる友達が作れるなんて思ってもみなかった。

072

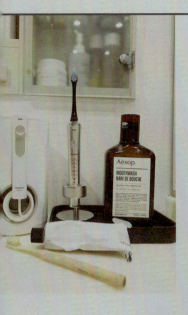

O

Oral Care

Teeth are everything.

年齢が出やすい口腔内のケアは念入りに

朝昼の歯みがきは口当たりが優しい竹歯ブラシを使い、夜はDoltzの電動歯ブラシで歯垢をしっかり除去。週に数回、ジェットウォッシャーで水流ケアも。マウスウォッシュやトゥースペーストは刺激の少ないナチュラルな使用感のものを。

P

Period

自分なりのアイテムで生理中もQOLをキープ

I'm gonna take it slow.

わたしはもともとPMSも生理痛も重め。"生理＝我慢"だと思って、長年耐えることで乗り切ってきました。けれど、月経カップに出会って生理についてのさまざまな悩みから解放され、そこから自分なりの生理との向き合い方を模索するように。

1 おなかのハリを鎮める〈ARGITAL〉の5DAYクリーム 2 ドイツ製の月経カップ・メルーナ 3 漏れ防止用に〈Pantyliners Organics〉の布ナプキン 4 生理痛を和らげる〈yogi〉のラズベリーリーフティー

Q

Questions for My Loves

大好きな6人に わたしについて質問

いつもまわりにいてくれるみんなには、AMOという人間がどんなふうに見えているんだろう。そんなことが気になって、わたしのことをよく知る、とくに身近な人たちに5つの質問を。質問に答えてくれた6人の似顔絵は、わたしの描き下ろし！

Questions

1. あなたにとってAMOは○○○みたいな人?
2. AMOとの印象的な思い出は?
3. AMOの好きだなと思うところは?
4. 変だなと思うところは?
5. 直してほしいところは?

portrait by AMO ♥

マネージャー
YUKA

1.「クローゼット」好きなものや興味があることへの話を聞いていると、ドキドキやわくわくを感じます。 2. 自分の妊娠を報告したとき、涙を流して喜んでくれた。 3. 説明するとき、いつも一生懸命お話ししているところ。 4. 仕事の確認をするとよく焦っていたり、待ち合わせで時間に余裕があるときも走ってきたりして、かわいらしい。 5. 仕事の連絡の返事がまったく来ないことがあると心配になります(笑)。

RUBY AND YOUスタッフ
YUI

1.「ガラス」繊細だから。 2. 仕事で地方へたくさん行った。ラジオのゲストに呼んでもらった。AMOのサプライズバースデーをした。 3. まじめで勉強熱心で、がんばり屋。 4. 慌てると動きがおもしろい。 5. 慎重さと衝動的なところを持ち合わせていて、一緒にいると新しい発見もあって楽しいから、AMOはAMOのままでいいと思う。あとは、応援してくれている人のためにも発信することをやめないでほしい。

ママ友
MADDY

1.「子どもの頃に大切にしていた、キラキラのヘアゴムやカラフルな指輪が詰まった宝箱をひっくり返したような人」 2. 知り合う前にお互いが参加したイベントのことを、写真を見ながら話していたら、写真の中で子ども同士が一緒に遊んでいた。 3. 飾らない。まじめで誠実で、嘘をつかない強さがある。 4. どんなときもかわいいから許す。 5. いつも「鍵がない!」と言っているので、ジャラジャラしたキーホルダーをつけることをすすめたい。

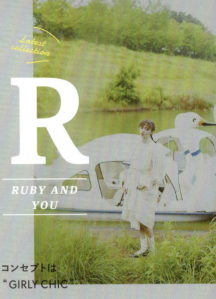

R

RUBY AND YOU

コンセプトは "GIRLY CHIC"

2015年にスタートした、わたしがディレクターを務めるファッションブランド。ブランド名は、映画『Ruby Sparks』のヒロイン・ルビーから。人生の岐路に立つ女性たちのマインドに寄り添いながらも、自分らしさを表現できる服を目指しています。

ママ友 CHIKA

1. 「うさぎ」優しくて柔らかいイメージで、場を明るい雰囲気にしてくれる。仕草もかわいらしく、たまにドジっ子で、守ってあげたくなる。 2. 駐輪場で、ギャン泣きする娘をあやしつつ、これまたすごくグズっている息子を自転車に乗せようと、汗だくで必死になっている姿を見て、つい声をかけた。そこから友達づきあいが始まりました。 3. 気さくで自然体で、一緒にいて心地よい。 4. 自然体すぎるときがある。暑い日に、汗でぺちゃんこになった頭をまったく構わずに帽子を取り、ずっとそのままでいたり…(笑)。 5. なし。今のままで十分。

ママ友 MINAMI

1. 「パンケーキ」ふわっとしているから。 2. アイスクリームの写真を撮っていたとき、構図にこだわりすぎて、アイスが溶けていることに気づいてなかった。 3. くだらない話もちゃんと聞いてくれる。 4. 大がかりな部屋の模様替えをよくしている。 5. 携帯をすぐ見失うところ。

妹 PIPI

1. 「容赦ない鬼」口げんかで勝てた試しがない。 2. 中学生くらいから離れて暮らしていて、会いにいくと、ビックリわくわくするような仕事の話をたくさんしてくれた。 3. 小さい頃、姉はよく遊んでくれました。今でも「踊って!」とか無茶ぶりすると文句を言いながらも応えてくれます。姉がファンの方に「かわいい」と言っていただいているのを見ると、今でも不思議な気持ち。 4. もうちょっと優しくして〜。

075

Bye for now, my cell.

SNSは便利だけど適度な距離感が大事

2週間に一度、週末はスマホを触らずに過ごしています。意識が外に向きすぎて、焦りを感じたり、自分には何かが足りていないような気がしたり。そんなときは、近くにいる人や今あるものに意識をフォーカス。尊さに気づき、感謝するきっかけになります。

S

Social Media Detox

AMO's A to Z　S—V

Heave ho !

T

Travel

旅のキーワードは"キッズフレンドリー"

今まで子連れで行ったのはオーストラリア、シンガポール、グアム。今後行ってみたいのは、息子がムーミン好きなのでフィンランド、アメリカの本場のディズニーランド、そして大好きなハワイ。ベビーカーでの移動のしやすさは、旅先選びの第一条件です。

I'm looking for...

Stay home relax today.

U

UNIQLO BRATOP

インナーのみならず 夏の部屋着としても

上の子の授乳期から愛用。授乳のしやすさが気に入っていたけれど、授乳期が過ぎた今もずっとリピート買い。ノンワイヤーで楽ちんなのに胸のラインをきれいに見せてくれる。夏場の家の中では、このキャミ1枚にショートパンツで過ごしています。

V

Eenie meenie miny moe...

Vegan Once a Week

できることから「食事」を考えてみる

ポール・マッカートニーが提唱する「Meat Free Monday」に賛同し、週に一度、ヴィーガンフードを楽しむ日を設けている。完全菜食には今のところなれないけれど、環境問題を考えると無視もできない食生活のチョイス。無理なくできることから実践。

Tasty!

1. gelato pique cafe bio conceptの大豆ミートのヴィーガンハンバーグ。2. 自作のトマトとアボカドのスパゲッティ。パスタも、植物性のものだけで粉から手作り！

077

Sharing the Love...

X

Xmas

大切な人たちと、大切な瞬間を

両家の家族だけを招待し、ハワイで小さな式を挙げました。旅の前半はオアフ島に家族みんなで滞在し、後半はハワイ島で2人だけのハネムーン。東京で開いたパーティーは、夫のミュージシャン仲間が演奏をしてくれて、フェスのような雰囲気に。

1年の中で一番好きな
クリスマスシーズン

クリスマスにまつわるものも大好きで、ドイツの伝統あるメーカーINGE-GLAS社のグラスオーナメントは、毎年ひとつずつ買い集めることにしている。Santa Maria Novellaのロウでできた星の飾りも、毎年必ず買うもの。柑橘やスパイスの香りがクリスマスらしい。

Special day!

Happy holidays!

W

Wedding

078

Hello! I'm AMO.

Y
YouTube

「AMOTIME」始めました

　今年の春にYouTubeチャンネルを開設しました。その名も「AMOTIME」。メイクのHOW TOや、購入品の紹介、ナイトルーティン、あとはVlogで日常の出来事をビデオに写してみたり。撮影も編集も、ぜんぶ自分でやっている、完全手作りチャンネル。覗いてみてね。

Z
Zipper

It's my starting point.

So fresh!

青春を過ごしたかけがえのない存在

　おしゃれをする楽しさも、異性からの評価やルールに縛られずに自分らしさを貫く素晴らしさも、教えてくれたのは『Zipper』だった。学生時代に愛読していた雑誌の誌面を自分が飾ることができたなんて、今でも夢のような経験だったと思う。

Book in Book :

Thank you for your time.

AMO's
A to Z

WANT TO KNOW MORE

[Instagram]
@amo_whale / @amo_enfant

[WEAR]
@amo219

(Chapter.03)

Beauty

BEAUTY

**ROUTINES FOR
BEAUTY**
SKIN CARE
BODY CARE
HAIR CARE
DAILY ROUTINE
—
COLUMN:BODY MAKE

そばかすも、くせっ毛も、
薄く残った妊娠線も、
わたしがわたしとして生まれ、
生きてきた証拠。

完璧にならなくていい。
自分じゃない誰かを目指さなくたっていい。

一生つきあっていく
自分だけのからだなのだから、
愛着を持って、
自分が自分であることに堂々と自信を持って、
ゆるっとポジティブにいられることこそが
歳を重ねながら美容を楽しむ秘訣。

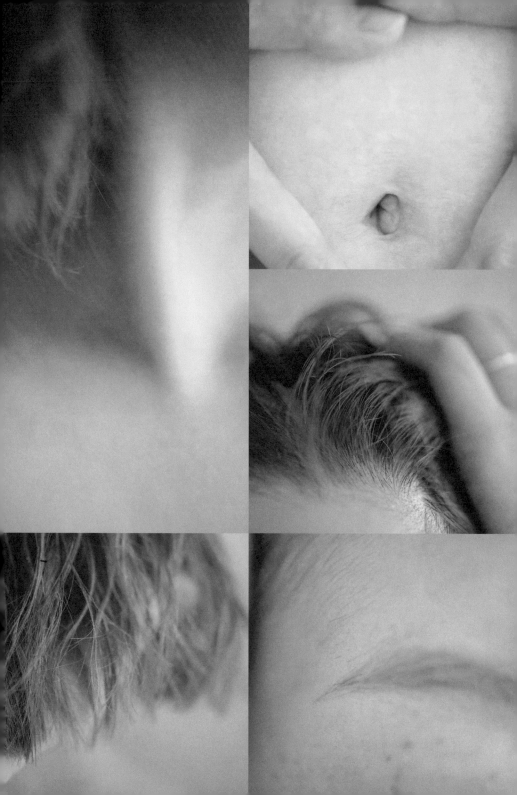

Chapter.03 / BEAUTY 084

ROUTINES for Beauty

美容のためにしていること。

01 / 02 / 03

発酵食品で腸を整える

肌荒れが気になったら、まずは食生活の見直し。美肌の基本は腸内環境にあると思うので、日頃から腸活を心がけています。納豆やキムチなどの発酵食品を意識的にとり、腸内フローラを整えます。最近は甘酒をアーモンドミルクで割るのがお気に入り。

スチーマーで肌をいたわる

めぐりがよくなる温スチームと、毛穴がきゅっと引き締まる冷ミストによるWケアができる〈Panasonic〉のナノケアを愛用。朝のスキンケア前に浴びると肌が整って化粧ノリがよくなり、浴びながらクレンジングすると毛穴の奥の汚れまで浮き出ます。

サプリをとる

食生活で補いきれない栄養素はサプリでチャージ。スーパーフードを19種ブレンドしたスーパーグリーンズ、抗酸化力やアンチエイジング効果のあるピクノジェノール、代謝を高めるユビキノール。クリスタルトマトは夏の必需品の飲む日焼け止め。

I am me.

Little by little, day by day...

04 / PAOで表情筋を鍛える

からだと同じく顔のたるみにも筋トレが必要だと実感しているこの頃。PAOを使って1日30秒の表情筋トレーニングをしています。日常で使うことの少ない筋肉を鍛え、ほうれい線やたるみの予防に。口角も上がり、表情の若さも保てている気がします。

05 / 朝起きたらよもぎ茶を飲む

毎朝起きたら、まずよもぎ茶を1杯。香ばしく柔らかな香りに癒やされるうえ、ビタミンやミネラルが豊富なよもぎ茶には抗酸化作用や美容にいい成分がたっぷり。温かいお茶で内臓を活性化させることで代謝がアップし、冷え性改善、むくみや便秘の解消にも。

06 / 良質なオイルをとる

健康と美肌をサポートしてくれる食用オイル。MCTオイルは脂肪が燃焼しやすくなり、オメガ7系のマカダミアナッツオイルは血液サラサラに。オメガ3系の亜麻仁油は血管の力を高めてアンチエイジング効果も。サラダなど日々の食生活に取り入れています。

Chapter.03 ／ BEAUTY   086

SKIN CARE 肌をいたわるコスメたち。

毎日のスキンケアは
リフレッシュの時間

01 ／ LOTION

素肌に最初につける化粧水は
使い心地はもちろん香りも重視

LIST　a.〈F organics〉のモイスチャーローション
　　　b.〈LA ROCHE-POSAY〉のターマルウォーター
　　　c.〈ARGITAL〉のアロマエッセンスウォーターR
　　　d.〈OSAJI〉のフェイシャルトナー SOU

CARE / <u>SKIN</u> BODY HAIR

02 / SERUM

セラムを使うことで
肌がもっちりと吸いつくような
潤いを感じます

LIST
a.〈athletia〉のミルキィオイルセラム
b.〈NowLd〉のプランプエッセンス

03 / BOOSTER

ブースターによって
化粧水がぐんぐん浸透する
感覚はやみつきに

LIST
a.〈F organics〉のブライトニング
　ブースターミスト
b.〈to/one〉のブースター セラム
c.〈FEMMUE〉のルミエール ヴァイタルC

04 / CREAM

スキンケアの最後は
クリームで蓋を。潤いを
閉じ込めるイメージ

LIST
a.〈KIEHL'S〉のクリーム UFC
b.〈FEMMUE〉のフラワー
　エッセンシャル モイスチャライザー
c.〈ARGITAL〉のブライトモイスチャ
　ライジング カモミールクリーム
d.〈Lumene〉のヴァロ ノルディック C デイクリーム

05 / OIL

歳を重ねるにつれ
オイルの効果を実感。
くすみが改善されます

LIST
a.〈ARGITAL〉の
　ブライトニング ローズ フェイスオイル
b.〈THREE〉の
　バランシング SQ オイル R
c.〈FEMMUE〉のアイディアルオイル

Chapter.03 / BEAUTY

06 / CLEANSING

肌への負担が少なく
アイメイクもするりと
落ちる少数精鋭たち

LIST
a. 〈naturaglacé〉のポイント メイクアップ リムーバー
b. 〈THREE〉のバランシング クレンジング オイル R
c. 〈FARMACY〉のグリーン クリーン
　メイクアップ メルトウェイ クレンジング バーム

07 / FACE SOAP

汚れやメイクを落とす
だけでなく、デトックスなど
プラスの効果も期待

LIST
a. 〈OSAJI〉のKAI リベレーションローソープ
b. 〈sunao〉のクロウォッシュ
c. 〈Gamila Secret〉のラベンダー ソープ

I am me.

CARE / <u>SKIN</u> BODY HAIR

08 / EYE CARE

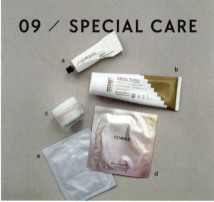

09 / SPECIAL CARE

10 / LIP CARE

08 アイメイクは
しっかり派なので
ケアが重要

LIST

a. 〈MARTINA GEBHARDT〉の
アイケアクリーム
b. 〈NARS〉の
トータルリプレニッシング
アイクリームN

09 時間に余裕がある
ときは、特別ケアで
肌をいたわる

LIST

a. 〈Antipodes〉のオーラ マヌカハニーマスク
b. 〈ARGITAL〉のグリーンクレイペースト
c. 〈FEMMUE〉のローズウォーター
スリーピングマスク
d. 〈FEMMUE〉のドリームグロウマスク CP
e. 〈F organics〉のブライトニングフェイスマスク

10 毎日常備している
リップと、スペシャル
ケアどちらも必需品

LIST

a. 〈HENNÉ ORGANICS〉の
リップエクスフォリエイター
ラベンダーミント
b. 〈O skin & hair〉の
オー・バーム リップ,ハンド,ヘア
c. 〈WELEDA〉のリップクリーム

Chapter.03 ／ BEAUTY

BODY CARE からだをいたわるコスメたち。

In ゆっくりお風呂タイムなんてほぼないけれど、週1〜2はケアの日を

LIST　a.〈ARGITAL〉の
　　　　デリケートハイジーンソープ
　　　b.〈giovanni〉のシュガー ボディスクラブ
　　　c.〈Soaptopia〉の
　　　　デラックススーパーソフトボディブラシ

Out 寝かしつけが早く成功した日はボディケア時間をたっぷりと

LIST　a.〈WELEDA〉のタッピング ボディシェイプブラシ
　　　b.〈THE PUBLIC ORGANIC〉の
　　　　スーパーリラックス ジェントリー 精油ボディオイル
　　　c.〈WELEDA〉のホワイトバーチ ボディオイル
　　　d.〈Melvita〉のリラクセサンス マッサージオイル

I am me.

CARE / SKIN **BODY** HAIR

がんばったからだを、優しくほぐす

HAIR CARE 髪をいたわるコスメたち。

ヘアカラーをするからこそ潤いを

CARE ／ SKIN　BODY　HAIR

01 ／ DAILY USE

ゼラニウムの香りが深く
リラックスさせてくれて
コスパも最高

〈THE PUBLIC ORGANIC〉のスーパーリラックス シャンプー AMS、ヘア トリートメント AMS

02 ／ SCALP

頭皮トラブルや産後の
抜け毛から助けてくれた
お守りのような存在

〈THREE〉のスキャルプ＆ヘア リファイニング シャンプー R、コンディショナー R

03 ／ SCENT

生はちみつ配合！
泡パックもできるし
美味しそうな香りに夢中

〈MY HONEY REMEDY〉のハニーケア シャンプー、トリートメント

04 ／ Hblonde HAIR

透明感あるヘアカラーを
保ってくれる
ムラサキシャンプー

〈O-WAY〉のエイチブロンド ヘアバス

05 ／ HAIR OIL

頭皮マッサージや
朝のスタイリングなど
欠かせない存在

左から〈athletia〉のチューニングアロマ ヘアミルク、スキャルプ＆ヘアオイル、〈MY HONEY REMEDY〉のザ・ハニーオイル"ブレス"

06 ／ MASSAGE

両手で持って2個使いで
頭皮をしっかりと
マッサージできて爽快！

〈uka〉のスカルプブラシ ケンザン

DAILY
ROUTINE

1日の始まりと終わり、
削ぎ落とされてきた
ルーティン。

@Morning

少し寝ぼけ眼のまま
いい1日を始めるための
儀式で目を覚ます

朝のスキンケアには、自然と爽やかな香りを求めている気がします。保湿力は完璧でありながらも、さっぱりと軽い使い心地のコスメを朝用に。〈sunao〉のクロウォッシュで洗顔後、〈F organics〉のブースターミストを顔からデコルテまで一気に吹きかけます。朝にピッタリの気持ちよさ。〈F organics〉のモイスチャーローションはナチュラルな香りが好きで6年くらいリピート中。〈ARGITAL〉のフェイスオイルでパッティング後、〈Lumene〉のデイクリームで蓋をしたら、朝のスキンケアは完成！

I am me.

@Night

気持ちが落ち着くような香りや使い心地。それに包まれてベッドへ…

夜はなるべく時間をかけるように。とくに洗顔重視なので、3段階かけてゆっくりとメイクや汚れを落とします。〈naturaglacé〉のリムーバーでポイントメイクを落とすと、すっかりオフモードに切り替え。〈FARMACY〉のクレンジングバームで優しくなでながら顔全体のメイクも落とします。その後〈OSAJI〉のローソープで洗顔。〈to/one〉のブースター後に、〈OSAJI〉のトナーをたっぷりと。香りが気持ちがいい〈THREE〉のオイルで少しマッサージしてから、最後は〈FEMMUE〉のモイスチャライザーで締めを。

Chapter.03 / BEAUTY

Column :
BODY MAKE

猫背も気になるし、産後の骨盤の開きも気になる。
だから隙間時間を有効に使って、おうちでストレッチ。

仰向けに寝そべる
ボールの上に寝るだけで、からだの芯が整い肩甲骨が開くのを感じるはず。

座って膝で挟む
ローラーを膝で挟んだ状態をキープすることで、骨盤がぎゅっと締まります。

TRY IT !

筋肉のコリをほぐす
体重をかけながら転がすと痛い部分があるので、そこをほぐす！

Use items
a. Webで購入したヨガボールは肩甲骨と骨盤の歪み用に。
b. Webで購入した電動フォームローラーはひたすらコリをほぐす用。

(Chapter.04)

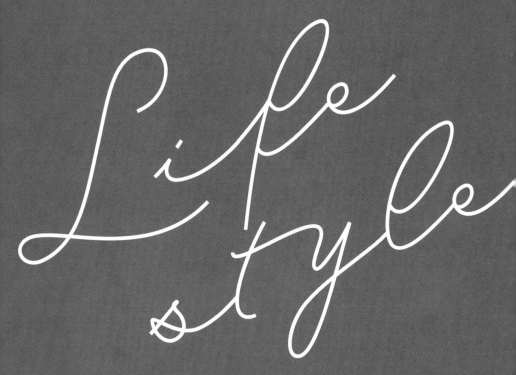

LIFE STYLE

1DAY SCHEDULE
HELLO! MY HOME
CHECK! FRIDGE
FAVORITE RECIPES
WHAT'S IN MY BAG?
LOVE IT
—
COLUMN:LOVE APP

やんちゃ盛りな5歳と2歳のお母さんとして
育児と仕事に奮闘する日々は、
"丁寧な生活"とは程遠いもの。

じつは毎日、結構いっぱいいっぱい、
いつでもほがらかにいられるわけじゃない。

だから、手を抜けるところは手を抜いて
がんばりすぎないのが、
ハッピーマインドで家庭をまわしていけるコツ。

子どもたちが1日の終わりに
"今日も楽しかったね"
と言って眠りについてくれたらオールOK!

今のわたしにフィットする
ほどほどに整えたわが家の日常を紹介します。

1DAY SCHEDULE
わたしの毎日。

AM 7:00 START!

朝食作り
家族の朝食と息子のお弁当作りを同時進行。15分以内に完成させます。

AM 10:00

自宅でミーティング
RUBY AND YOUのスタッフが家に来て、生地を選んだりサンプルチェックを。

PM 12:00

娘と昼食
平日の昼食は娘と2人。おにぎりを作って公園に行くことも。

PM 6:00

夕食
夕食は早めの時間なわが家。この日のメニューはホタテとアスパラのパスタ。

PM 9:00

瞑想&ヨガ
子どもたちが寝たら家事を終えて自分時間。瞑想とヨガで心をリセット。

I am me.

AM 8:00

幼稚園へ息子を送る
幼稚園まで自転車で片道20分、子どもたちと歌いながら疾走します。

AM 9:00

朝の家事
帰宅後は家事スタート。音楽を流して熱唱しながら掃除、洗濯。

PM 2:00

幼稚園のお迎え後に公園へ
幼稚園帰りは公園に寄り道。夜たっぷり寝てくれるよう体力を発散。

PM 4:00

遊びながらお勉強
ひらがなやカタカナの練習。子どもたちと遊び感覚で楽しみます。

PM 10:00

Netflixタイム
夫と一緒に映画や海外ドラマを1本観るのが日課。0時には就寝。

FINISH!

AMO'S DAILY RULES

01. 子どもと過ごす時間は全力で遊ぶ！

02. 平日はがんばりすぎず、目につく最低限の家事を。

03. 気持ちをリセットできるひとり時間を必ずとる。

GOOD DAYS

Chapter.04 / LIFE STYLE　　102

HELLO! MY HOME

愛するわが家へ、ようこそ。

家族みんながほっと
できる場所でありたい

📍 PLACE. 01
LIVING ROOM
リビングルーム

大人も子どもも居心地いい場所にしたいので、
おもちゃや絵本はところどころにありつつ、
インテリアはナチュラルな色味に。

I am me.

子どもたちの出生時の身長にカスタマイズしてもらえる、世界に1枚だけのポスターは〈The Birthday Poster〉。スピーカーは〈Marshall〉のもの。

子どもたちの絵本や図鑑、大人向けの雑誌、ボディケア用品やスチーマーなど、家族それぞれがリビングで使うものが収納されている棚。

窓際は植物や花を飾るスペース。窓から光が差し込み、緑や花が生き生きとしているいい景色をダイニングテーブルから眺める時間が好き。

"ほっとできる場所"と考えると、自然とシンプルなインテリアに。意識していなかったけれど、気づけば淡い優しい色味で統一されています。

Chapter.04 / LIFE STYLE 104

📍 PLACE. 02
BED ROOM
ベッドルーム

インテリアはほかの部屋より
わたし好みの甘い雰囲気に。
子ども部屋に2段ベッドを買ったけれど、
今はここで子どもたちと一緒に寝ています。

わたしのプライベート空間
といえるベッドルーム

ベッドでぎゅうぎゅうで子どもたちと寝ていて、そろそろ狭いですが、でもこんな時期は今だけだから大切にしようとも思っています。

棚の中にはコスメを収納しています。
棚の上には、よく使うアクセサリー、
アロマディフューザー、アロマオイル
などを置いています。

〈SLOW HOUSE〉のラック上段にはディフューザーやキャンドルなどの香りもの、下段にはスキンケアコスメ、ボディオイルなどを。

〈LOWYA〉のローテーブルでは、子どもたちが絵を描いたり工作したり。引き出しの中に、クレヨンや絵の具などを収納しています。

📍 PLACE. 03
KIDS
キッズスペース

子ども部屋もありますが、まだ小さいのでリビングにキッズスペースを確保。家事中も遊んでいる様子が目に入るので安心です。

リビングルームに馴染むように色のトーンを統一

〈STOY〉というスウェーデンのおもちゃブランドのドールハウスは、娘の2歳の誕生日プレゼント。遊びやすいように〈IKEA〉の棚の上に。

キッズ用キッチンの「cook & store core+」。サイズが大きな子ども用品は、リビングに馴染むような色味やデザインを心がけています。

Chapter.04 ／ LIFE STYLE

キッチンはほかの部屋に比べてとてもシンプルかもしれません。飾ったりはあまりせず、とにかく使いやすさ重視。わたしにとって居心地のいい場所。

📍 PLACE. 04
KITCHEN
キッチン

気づけば朝から晩まで一番時間を過ごしているのはキッチンかもしれない。長く過ごすからこそ心地よさが重要に。

心地よさと機能性が
共存した空間作りを

I am me.

〈Simply Organic〉のスパイス

ちょうどピタリと棚にサイズがハマったスパイス。まだ使いこなせてはいませんが、いろいろな国の料理を作ってみたいなぁ。

〈aarke〉の
ソーダサーバー

買ってよかったと胸を張って言えるのが、こちら。夫婦で炭酸が好きなので毎日ありがたみを感じながら使っています（笑）。

〈Vermicular〉の炊飯器（L）
〈Vitamix〉のブレンダー（R）

子どもがまだ2人とも小さいので、毎日大忙し。だからなるべく便利な家電に助けてもらいたい！ この2つは毎日フル稼働しています。

キッチン家電は、ステンレスか黒で統一しています。おたまやピーラーは〈SCOPE〉のキッチンツールキャニスターにまとめて、すぐに取り出せるように。

Tableware
お気に入りの食器たち。

〈Cutipol〉のカトラリー

シンプルながら個性的なデザイン。柄が細く持ちやすい。

〈Astier de Villatte〉の深皿

結婚祝いにいただいたアデライドシリーズのもの。パーティーなど、特別な日に。

〈iittala〉のお皿

色や形、サイズ違いで集めているティーマ。わが家の食卓の定番器。

義父から受け継いだお皿

和食の料理人だった義父が現役を引退する際に譲ってくれた器。

〈cink〉の子ども用器

オーガニックバンブーが原料。軽くて割れにくいので子どもでも扱いやすい。

Chapter.04 / LIFE STYLE

CHECK! FRIDGE 冷蔵庫の中身を公開！

A デーツと、子どもたちが毎朝食べるダノンビオのヨーグルトをストック。

B 豆乳ヨーグルト、オイコスなどの大人用ヨーグルトと、ココナッツミルク。

C 自家製ピクルス、オリーブオイル漬けのモッツァレラチーズ、納豆など。

D 蒸し豆やミートボール、チーズなどお弁当によく使う食品はまとめてこちらに。

E 作り置きおかず。容器は〈iwaki〉のパック&レンジで揃えています。

F 奥にあるのは味噌ポット、手前にはキムチ。発酵食品コーナーです。

G 〈OXO〉のポップコンテナに入れた薄力粉、強力粉、米粉などの粉類。

H バター、ジャム、ピーナッツクリームなどパンのおともたちのコーナー。

I 放し飼い卵〈ecocco〉。リサイクルに出しやすい紙パックを選びます。

A オーガニックコットンの袋に入れた、じゃがいも、たまねぎなど。

B 高さがあって重みもある調味料は冷蔵庫の一番下の引き出しに。

Seasoning

お気に入りの調味料。

a
「三州
三河みりん」

b
「特選
料亭白だし」

c
「オーガニック
ケチャップ」

d
「ナンプラー」

e
「千鳥酢」

f
「美濃 有機
純りんご酢」

g
「寺岡家の有機
ゆずぽんず」

h
「有機ホワイト
バルサミコ ビネガー」

i
「九鬼 ヤマシチ
純正胡麻油」

j
「オーガニックエキストラ
バージンオリーブオイル」

k
「冷燻
オリーブオイル」

l
「薬膳
島ラー油」

a. 化学調味料無添加。みりんは長年これ一筋。毎日の料理にマスト。**b.** 原料は国産の有機白しょうゆ使用。味つけが上品にまとまる。〈七福醸造〉のもの。**c.** トマトの味が濃い！ iHerbで購入した〈Annie's Naturals〉のもの。**d.** 香り高く本場の味に。化学調味料無添加。〈Flying Goose〉のもの。**e.** ツンとせず口当たりにまるみがあり米の甘みを感じる。長年愛用。**f.** ピクルスやドレッシング作りに。炭酸水で割って飲むのも好き。**g.** 有機ゆず果汁、有機純米酢、有機砂糖を使った安心な原料。**h.** 100％オーガニックのホワイトバルサミコ。〈ALCE NERO〉のもの。**i.** 香り高く、どんな料理も美味しく仕上がる老舗メーカーの胡麻油。**j.** 収穫後1日以内に加工された新鮮な味わい。〈La Tourangelle〉のもの。**k.** サラダにかけると高級デリの味に。〈CASTILLO De CANENA〉のもの。**l.** フルーティーな香りで、薬膳たっぷりの個性的な味わいのラー油。

Chapter.04 / LIFE STYLE

FAVORITE RECIPES

RECIPE. 01
MEAL PREP
作り置きおかず

朝食の副菜や息子のお弁当、自分ひとりの昼食に。
慌ただしい平日に備え、週末に一気に作ります。

Ⓐ サバ入りポテトサラダ

<材料>

じゃがいも	3個	マヨネーズ	適量
きゅうり	1本	米酢	適量
にんじん	½本	塩	適量
Ça va?缶(サバ缶)	1缶	オリーブオイル	大さじ1

PROCESS

❶きゅうりは薄切りにし、塩でもんで水けを絞る。にんじんはいちょう切りにし、電子レンジで加熱する。❷じゃがいもは水からゆで、串がすっと通るようになったら皮をむき、オリーブオイルをかけて潰す。❸ボウルに❷と汁を切ったÇa va?缶を入れ、サバの身をほぐしながら混ぜる。❹❶を加え、さらにマヨネーズと米酢を味見をしながら加えて和える。❺最後に塩で味を調える。

－ －－ －

Ⓑ たこのエスニックサラダ

<材料>

ゆでだこ	好きなだけ	レモン汁	大さじ1
パプリカ	1個	ナンプラー	適量
きゅうり	1本	オリーブオイル	大さじ1
たまねぎ	½個		

PROCESS

❶たこは食べやすい大きさに、パプリカときゅうりは小さく切る。たまねぎはみじん切りにし、オリーブオイルと和える。❷ボウルに❶とレモン汁、ナンプラーを入れて和える。

－ －－ －

Ⓒ キャベツとにんじんとツナのマリネ

<材料>

レッドキャベツ	¼個	はちみつ	小さじ2
にんじん	½本	レモン汁	適量
ツナ缶	1缶	塩	適量

PROCESS

❶キャベツとにんじんはせん切りにし、塩をふって水けを切っておく。ツナ缶は汁を切る。❷ボウルに❶とはちみつ、レモン汁を入れて和える。

－ －－ －

Ⓓ ささみとセロリのマヨポン和え
柚子胡椒風味

<材料>

鶏ささみ	2本	マヨネーズ	大さじ2
セロリ	2本	ポン酢	大さじ2
白炒りごま	適量	柚子胡椒	適量
セロリの葉	適量	塩	適量

PROCESS

❶セロリは筋を取り、斜め薄切りにし、塩でもんで水けを絞る。❷ささみはゆでて、ほぐす。❸ボウルに❶と❷、炒りごま、マヨネーズ、ポン酢、柚子胡椒を入れて和える。❹最後にセロリの葉を散らす。

Ⓔ ごぼうと大豆のバルサミコ

<材料>

大豆水煮	100g	はちみつ	大さじ½
ごぼう	½本	粒マスタード	大さじ½
バルサミコ酢	大さじ3	オリーブオイル	適量
しょうゆ	大さじ1 ½		

PROCESS

❶ごぼうは斜め薄切りにする。❷フライパンにオリーブオイルを引き、❶を炒め、ごぼうが透き通ってきたら、大豆を加える。❸さらにバルサミコ酢、しょうゆ、はちみつ、粒マスタードを加えて煮詰める。

－ －－ －

Ⓕ にんじんとしらすのきんぴら

<材料>

にんじん	1本	酒	大さじ1
しらす	好きなだけ	ごま油	大さじ1
白炒りごま	適量		

PROCESS

❶にんじんはピーラーで薄くリボン状にむいていく。❷フライパンにごま油を引き、❶を炒める。❸❷に酒、しらすの順に加え、炒め合わせる。❹最後に炒りごまをまぶす。

－ －－ －

Ⓖ アスパラとたらこのバター炒め

<材料>

アスパラ	1束	たらこ	1腹
バター	適量		

PROCESS

❶アスパラは根元を切り落とし、皮のかたい部分をピーラーでむき、斜め切りにする。❷フライパンにバターを熱し、❶を炒める。❸❷にたらこを加えて和える。

－ －－ －

Ⓗ にんじん入り鶏そぼろ

<材料>

鶏ひき肉	200g	きび砂糖	大さじ2
にんじん	½本	しょうが	
しょうゆ	大さじ2	(すりおろし)	適量
酒	大さじ2	ごま油	適量
みりん	大さじ2		

PROCESS

❶にんじんはみじん切りにする。❷フライパンにごま油を引き、ひき肉を炒める。❸ひき肉の色が変わりポロポロになってきたら、❶を加える。❹さらにしょうゆ、酒、みりん、きび砂糖、しょうがを加え、水分がなくなるまで炒め合わせる。

Chapter.04／LIFE STYLE

Vegan brownies
ヴィーガン ブラウニー

PROCESS

❶生クルミ（100g）は水にひと晩つけ、デーツ（50g）は種を取り小さく切る。❷ 1とローカカオパウダー（30g）、バニラビーンズペースト（小さじ1）をフードプロセッサーにかけ、クルミが細かく砕けて全体がもったりするまで混ぜる。❸タッパーなどにぎゅっぎゅっと押し込むように入れ、冷蔵庫で冷やし固めたら、好みのサイズに切り分ける。

RECIPE.02

HOMEMADE SWEETS

手作りおやつ

シンプルな材料と工程で、
子どもと一緒に簡単に作れるおやつレシピ。
食育にもつながります。

Vegan ice cream
ヴィーガン アイスクリーム

PROCESS

❶冷凍バナナ（2本分）とアーモンドミルク（大さじ1）、メープルシロップ（大さじ1）をフードプロセッサーにかけて混ぜる。❷器に盛り、お好みでブルーベリーをトッピング。

Vegan granola bars
ヴィーガン グラノーラバー

PROCESS

❶ボウルにココナッツオイル（60g）を入れて湯せんで溶かし、さらさらしてきたらローカカオパウダー（大さじ2）、メープルシロップ（大さじ2）を加えて混ぜる。メープルシロップは、はちみつやアガベシロップでもOK。❷ねっとりしてきたら、さらにグラノーラ（100g）を加えて混ぜる。❸クッキングシートを敷いたバットに流し込み、冷凍庫に半日入れ、固まったら好みのサイズに切り分ける。

Rice flour cookies
米粉のパンケーキミックスで作るクッキー

PROCESS

❶ボウルにバナナ（1本）を入れてフォークで潰し、米粉のパンケーキミックス（150g）と米油（大さじ2）を加え、手でひとまとまりになるまでこねる。❷クッキングシートを敷いた天板に、1をスプーンで成形しながら並べ、適量のチョコチップを散らす。❸180℃に予熱したオーブンで15〜20分ほど焼く。

Chapter.04 / LIFE STYLE

WHAT'S IN MY BAG?
バッグとポーチの中身を公開！

BAG
バッグの中身

A 外出時用の工作セット
〈nähe〉のパーパスケースに、折り紙、マスキングテープ、色えんぴつなどをイン。

B 〈HIGHTIDE〉のスケジュール帳
ポケットつきなので、ペンやメモを収納しておける。幼稚園プリントもここへ。

C 〈Hydro Flask〉のマイボトル
何かと便利な持ち手つき。その日の気分でいろいろな飲み物を持ち歩いています。

D 〈COMME des GARCONS〉の財布
コンパクト、シンプル、ミニマルなデザインで、とても気に入っています。

E 〈stojo〉のマイタンブラー
折りたたんでコンパクトにして持ち歩けるから、いざというときに意外と役立つ。

F キッズアイテム
使い勝手のよいサイズの〈Aēsop〉のショッパーに、おやつやアルコールスプレーを。

G おむつまわりのアイテム
〈BONTON〉のショッパーには、おむつ、おしりふき、おむつ用脱臭ゴミ袋を。

H ムーミンのハンドタオル
子どもたちが大好きなキャラクター・ムーミンがあしらわれたものをチョイス。

I 〈REDHiLL〉のモバイルバッテリー
長時間出かける日は、コレがないと不安！シンプルなデザインがいい感じ。

J iPhone
大きい画面が気に入り、4年くらい使っている7 Plus。そろそろ買い替えようかな。

K 〈RUBY AND YOU〉のトートバッグ
収納ポケットがたくさんついていて便利。大容量なのでマザーズバッグにも◎。

I am me.

POUCH
ポーチの中身

Ⓐ〈FEMMUE〉の
クッションファンデ

薄づきだけどカバー力抜群で、みずみずしい肌に。外出先でのメイク直しに重宝します。

Ⓑ〈THE PUBLIC ORGANIC〉の
薄づきリップ

ナチュラルメイクな平日は、濃いリップはおやすみ。平日のマストアイテムです。

Ⓒ〈nahrin〉の
アロマオイル

大好きな香りで、香水代わりにしています。ロールオンだから、いつでもササッと塗れる。

Ⓓ〈nahrin〉の
マウススプレー

リフレッシングマウススプレーは、食後に歯みがきができないときのエチケットとして。

Ⓔ〈Rouje〉の
リップパレット

チークとしても使っている1つ2役のマルチなパレットは、持ち歩きに便利。

Ⓕ〈VerMints〉の
ミントタブレット

オーガニックのミント「VerMints」は、ペパーミント味を。1粒で気分リフレッシュ！

Ⓖ〈BONTON〉の
ポーチ

コンパクトにまとまり、小さいバッグにも入るサイズ。モノトーンの星柄がかわいい。

Chapter.04 / LIFE STYLE

LOVE IT ♥ 1/3 @Spot
わたしのお気に入り。

DELICIOUS!

KIDS FRIENDLY

01.
子ども、親どちらも幸せな気持ちに

月齢に合わせた離乳食を無料で提供してくれるので、子どもが赤ちゃんの頃、ママ友とのランチといえばここでした。食事はどれも美味しく、とくにオマール海老のドリアと、パスタをよく頼みます。欲張りたい日は大人の"おこさまランチ"リトルビッグプレートを。

100本のスプーン FUTAKOTAMAGAWA
⌂東京都世田谷区玉川1-14-1 二子玉川ライズ S.C. テラスマーケット2F ☎050-3066-9374 ⏰月〜木 10:30〜21:00(L.O.20:00)/金・土日祝 10:30〜22:00(L.O.21:00) 定休日 不定休 https://100spoons.com/futakotamagawa/

I am me.

01. 一度は食べてほしい相場さんの絶品パスタ

代々木公園で遊ぶ日は、よくこのお店でランチをします。カジュアルなイタリアンレストランで、何といってもパスタが絶品！その美味しさは、オーナーシェフの相場さんのファンになってしまうほど。わが家で作るパスタは、いつも相場さんのレシピを参考にしています。

LIFE

📍 東京都渋谷区富ヶ谷1-9-19 1F　📞 03-3467-3479　ランチ11:45〜14:30　ディナー18:00〜22:00　🌐 http://www.s-life.jp/index.php

WELCOME!

🍴 CAFE

02. 親子ともにのびのびできる場所

Little Darling Coffee Roastersでコーヒーを買い、外のベンチに座ってのんびりランチ。子どもたちは広い芝生を走りまわる。敷地内にはコンテナの遊び場もあるのでのびのび遊べるし、大人もリラックスして過ごせる開放的な空間。都会にいながら緑を感じられる貴重な場所です。

SHARE GREEN MINAMI AOYAMA

📍 東京都港区南青山1-12-32　🕐 8:00〜20:00　🌐 https://share-green.com/

Little Darling Coffee Roasters

📞 03-6438-9844　🕐 平日8:00〜20:00 (L.O.19:30) 土日祝10:00〜19:00 (L.O.18:30)　🌐 https://littledarlingcoffeeroasters.com/

Chapter.04 / LIFE STYLE

LOVE IT ♥ 2/3 @Spot

○ CAFE

02. 日常を忘れさせてくれる特別な空間

ヨーロッパの田舎町を思わせる店内の雰囲気が好き。旅をしているような特別な時間を過ごせる。2階がレストランで、1階ではお店で焼いたパンや焼き菓子、雑貨や洋服を販売。

La vie a la Campagne
♠ 東京都目黒区上目黒2-24-12　☎ 03-6412-7350　⊙ 9:00～18:00 (L.O.17:30) [定休日] 不定休　🖥 https://www.lavie-rmaisoncampagne.com/

03. なかでもパリを感じる紀尾井町店が好き

初めてこのお店のオムレツを食べたときの感動が忘れられない。それ以来ここに10年、好きなカフェやメニューを聞かれるたびに、このお店でこのオムレツをすすめてきた。

AUX BACCHANALES 紀尾井町
♠ 東京都千代田区紀尾井町4-1 新紀尾井町ビル1F　☎ 03-5276-3422　⊙ 月～土10:00～23:00 (L.O.22:30) 日祝 10:00～22:00 (L.O.21:30)　🖥 http://www.auxbacchanales.com/

04. 子どもと行くときはスイーツ目当て

季節ごとのプリンアラモードをいつも楽しみにしている。スコーンも美味しい。ひとり時間を過ごせるチャンスがある日は、ランチを食べたり、コーヒーを飲みにいきます。

Cafe Lisette 二子玉川店
♠ 東京都世田谷区玉川5-9-7　☎ 03-5717-3779　⊙ 12:00～18:00 (L.O.17:30)　🖥 http://cafe.lisette.jp/

I am me.

TO GO

01.
ピクニック気分をさらに高めてくれる

砧公園でのピクニックの日は、必ずここのバインミーをテイクアウト。パリッとしたバゲットがやみつき！なますの味つけもちょうどよく、お気に入りはビーフとレモングラス。

ăn di
📍東京都世田谷区砧3-4-2 ☎ 03-3417-3399 ⏰ 10:00〜16:00 (バーニャ無くなり次第終了) [定休日 木曜日] 🖥 http://andi-setagaya.com/

02.
エッグタルト以外に、チキンパイもおすすめ

数年前、エッグタルトを撮影の差し入れでいただいたときにあまりの美味しさにびっくり。それ以来、自分が誰かに差し入れを持っていくときの定番になりました。

NATA de Cristiano
📍東京都渋谷区富ヶ谷1-14-16 スタンフォードコート103 ☎ 03-6804-9723 ⏰ 10:00〜19:30 🖥 http://www.cristianos.jp/nata/

03.
たい焼きとたこ焼きは、ここが世界一！

日替わりのたい焼きが楽しみで、いつもTwitterでスケジュールをチェック。子どもたちも大好きです。世界で一番美味しいたい焼き屋さんだと思う。

経堂 小倉庵本店
📍東京都世田谷区経堂2-14-2 ☎ 03-3439-0088 ⏰ 月〜金11:30〜20:00 土日祝11:30〜19:30 (売り切れ次第終了)

Chapter.04 / LIFE STYLE

LOVE IT ♥ 3/3 @Entertainment

🎬 DRAMA

01 | モダン・ラブ ～今日もNYの街角で～
NYタイムス紙のコラムに寄せられた投稿を題材にオムニバスドラマ。年齢やジェンダーを超えたさまざまな愛の在り方に心が震える。
2019年｜アメリカ｜全8話
Amazon Prime Videoにて独占配信中

02 | 愛の不時着
こんなにも涙を流した、主人公たちの運命と恋の行方を祈った作品は。「タイタニック」以来、それぞれの国の暮らしの描かれ方も興味深い。
2019年｜大韓民国｜全16話
Netflixオリジナルシリーズにて「愛の不時着」独占配信中

「令和の最高傑作ラブストーリー」

03 | アンブレラ・アカデミー
特殊能力を持つ7人の兄妹たちが、世界を救うためにたたかうSFドラマ。ストーリーが奥深く、ダークでスタイリッシュな世界観もグ。
2019年｜アメリカ｜全20話
Netflixオリジナルシリーズ「アンブレラ・アカデミー」シーズン2独占配信中

「新感覚の異色なスーパーヒーロー」

04 | サイコだけど大丈夫
それぞれが抱える幼い頃からのトラウマや人生の影の部分が、心の触れ合いで愛しされることを通して氷解していく姿に胸が打たれる。
2020年｜大韓民国｜全16話
Netflixオリジナルシリーズ「サイコだけど大丈夫」独占配信中

「不器用な恋模様から目が離せない」

05 | ビッグ・リトル・ライズ
小学生の子供を持つ母親たちが主人公のダークミステリー。ある殺人事件をきっかけに、それぞれの人生がもつれ合っていく。
2017-2019年｜アメリカ｜全14話
©2017 Home Box Office, Inc. All Rights Reserved. HBO® and related service marks are the property of Home Box Office, Inc.

「とにかくキャストが超豪華！」

06 | ワーキング・ママ
職場復帰したママたちが育児に仕事、夫婦関係に奮闘する様を描く。笑いもありつつ、女性の権利や社会の立場を考えさせてくれる。
2017年｜カナダ｜全47話
Netflixオリジナルシリーズ「ワーキングママ」シーズン4独占配信中

「ママ&妻として笑いと涙と共感の嵐」

▶ PLAYLIST

≡ WORK
- 01 | I Know A Girl / The Preatures
- 02 | Happy / Oh Wonder
- 03 | I Want It / Tim Ayre
- 04 | Go Crazy / Orla Gartland
- 05 | Everybody Wants To Be Famous / Superorganism
- 06 | Forever / HAIM
- 07 | Can't Wait / Nu Shooz
- 08 | Trying To Be Cool / Phoenix
- 09 | FMU / Last Dinosaurs
- 10 | MORE & MORE(English Ver.) / TWICE

≡ CHILL
- 01 | City Boy / Calpurnia
- 02 | Bad Ideas / Tessa Violet
- 03 | Enfance 80 / Videoclub
- 04 | 4EVER / Clairo
- 05 | Surfin' Baby / Gym and Swim
- 06 | Good Bad Times / Hinds
- 07 | Skin / San Cisco
- 08 | Away / Honey Hahs
- 09 | But Love / Liz Lawrence
- 10 | Baby You're A Haunted House / Gerard Way

I am me.

🎬 MOVIE

01

「自分の人生が愛しくなる1本」
アバウト・タイム
愛おしい時間について
2013年｜イギリス｜123分
タイムスリップ能力を持つ青年が、奮闘のなかで本当の幸せの意味に気づくラブロマンス。
Blu-ray1,886円＋税　DVD1,429円＋税
発売元：NBCユニバーサル・エンターテイメント
※2020年10月の情報です。
©2015 Universal Studios. All Rights Reserved.

02

「老夫婦のまっすぐな愛に号泣」
アンコール!!
2013年｜イギリス｜94分
病に倒れた妻に代わり合唱団に入団したおじいさんが、仲間と触れ合うなかで変化していく。
DVD&Blu-ray発売中　Blu-ray1,800円＋税／DVD1,200円＋税　発売・販売元：TCエンタテインメント
©Steel Mill (Marion Distribution) Limited 2012 All Rights Reserved.

03

「少女とオクジャの友情の物語」
Okja／オクジャ
2017年｜アメリカ・大韓民国｜121分
ファンタジーな世界観ながら、食産業や動物虐待、過激な動物愛護思想などへのメッセージが込められた社会派作品。愛らしいオクジャと、オクジャのために懸命にたたかうが少女の純粋さが、さまざまな気づきを与えてくれる。
Netflix映画「Okja/オクジャ」独占配信中

04

「大好きなシリーズの最終章」
ブリジット・
ジョーンズの日記
ダメな私の最後のモテ期
2016年｜イギリス／フランス／アメリカ｜123分
恋に仕事に悪戦苦闘するブリジットの等身大な姿が、ポジティブでハッピーな気持ちをくれる。
Blu-ray1,886円＋税／DVD1,429円＋税
発売元：NBCユニバーサル・エンターテイメント
※2020年10月の情報です。
Film©2016 Universal City Studios Productions LLLP. All Rights Reserved.

05

「子どもたちの甘酸っぱい恋の行方」
ムーンライズ・キングダム
2012年｜アメリカ｜94分
ウェス・アンダーソンの作品はどれも好きだけど、この作品の色彩や世界観はとくに好き。
DVD&Blu-ray好評発売中　Blu-ray1,800円＋税／DVD1,200円＋税　発売・販売元：NBCユニバーサル・エンターテイメント
©2012 MOONRISE LLC. All Rights Reserved.

06

「音楽が持つ計り知れないパワー」
イエスタデイ
2019年｜アメリカ｜116分
ビートルズの曲の魅力と功績の数々に改めて出会える、ユニークな設定もおもしろい！
4K Ultra HD+Blu-ray5,990円＋税【11月27日発売】Blu-ray1,886円＋税／DVD1,429円＋税発売元：NBCユニバーサル・エンターテイメント ※2020年10月の情報です。
©2019 Universal Studios and Perfect Universe Investment Inc. All Rights Reserved.

☀ MORNING

01	All Is Love / Karen O & The Kids
02	There She Goes / The La's
03	These Days / Wallows
04	Life Again / Liz Lawrence
05	Seven / Men I Trust
06	Sunrise / Norah Jones
07	une minute / Pomme
08	Panic Cord / Gabrielle Aplin
09	Made By Desire / ÄTNA
10	Last Nite / The Strokes

🌙 NIGHT

01	Over the Moon / The Marías
02	Most of You / Small Forward
03	Numb / Men I Trust
04	Everybody Loves You / SOAK
05	K. / Cigarettes After Sex
06	blame game / mxmtoon
07	Nighttime Drive / Jay Som
08	6/10 / dodie
09	Beware of the Dogs / Stella Donnelly
10	Bubble Gum / Clairo

Column：
LOVE APP

スマホ画面はすっきり保ちたいので、アプリは厳選派。
写真まわり、SNSなど、種類ごとにまとめて整理しています。

(A) 自律神経測定
 CARTE

スマホのカメラに指を当てるだけで、自律神経の状態を測定しカルテ化してくれるアプリ。インナーパワーに合わせた簡単なエクササイズ動画も見られる。

(B) 生理日管理
 ルナルナ

生理日前後の体調や心のゆらぎを把握できるし、妊活中などのライフステージに合わせて設定を切り替えられるのも嬉しい。10年以上使い続けている。

(C) 体重管理
 SmartDiet

体重を入力するだけのシンプルなアプリ。ステップが少ないから面倒にならずに続けられるし、体重の変化をグラフで見られるからモチベーションも保ちやすい。

(D) 音楽配信
 Amazon Music

Amazonプライム会員なので、200万曲が聴き放題。マイプレイリストを作ったり、おすすめのプレイリストから新しい楽曲に出会ったり、音楽はいつもこれで聴いている。

(E) 写真編集
 Adobe Photoshop Lightroom

逆光で暗く写ってしまった写真も、自然光で撮ったかのように、自然に明るさを引き上げられる魔法のアプリ。写真の色彩や露光量を細かく調整したいときに使う。

(F) 写真編集
 VSCO

Instagramに載せる写真は、これで色味を調整。フィルターは種類豊富で、どれも絶妙な色味でおしゃれに仕上がる。とくにA4、A10、M1、M5のフィルターがお気に入り。

(G) 写真編集
 Focos

まるで一眼レフで撮ったかのように、背景を自然にぼかすことができる。写真のクオリティーを上げるだけでなく、気になる写り込みをぼかしたいときにも便利。

(H) 検索エンジン
 Ecosia

検索するたびに地球のどこかに緑が増えて森林が守られる検索エンジン。広告収益の80％以上を植林・森林再生活動を行う団体に寄付しているというもの。

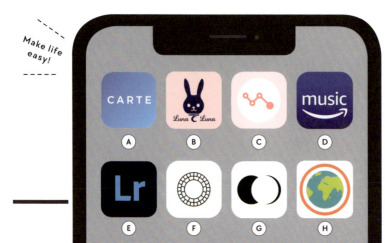

Make life easy!

"好きなものが変わってしまうんじゃなくて、
好きなものが増えていく
そういう歳のとり方をしたい。
アイスもパワーパフガールズも
お星さま柄のガウンやフリルのソックスも
ぜんぶ永遠に大好きだけど
ある日とつぜん
ミルク抜きのコーヒーが飲めるようになるみたいに。"

そんなことを19歳のときにブログに書きました。
あれから10年、やっぱりその言葉通りの歳のとり方で、
わたしは大人になったみたい。

かわいいものも、くだらない冗談も、相変わらず大好きで、
子どものまま大人になってしまったような感覚だけど、
この歳だからこそ似合う服も着たいと思うし、
ある程度の大人な振る舞いはできるようになった。
ミルク抜きのコーヒーも、今ではあたりまえに飲んでいる。
そんなふうにゆるやかに
気づけば大人になってはいたけれど、
根っこの部分は、わたしはわたしのまま。
きっとこの先も。

とはいえ、いつでも気楽にはいられないのが大人の現実で、
女性が20代から30代になり、
人生がすすんでいく過程には、さまざまな岐路が訪れる。
社会人になり、人によっては育児が始まり、
まわりの環境や人間関係も変わっていく。
大人として求められるものも増えていくから、
もう子どもの頃のように
思いのままに生きていくのはむずかしい。

わたし自身にも、この10年のあいだには
大人にならなきゃ、適応していかなきゃと、
もがいた時期がありました。
そんな時期を経て、もっとシンプルな
価値観になった今は、
自分の人生を愛することにだけ
フォーカスをあてて、今の日々を楽しめています。

立場にばかり縛られて
あれもこれも手放したり、
あれもこれも背負い込んだり、
心と逆の選択なんてしなくていいと思うのです。
その何かの立場の誰かである前に、
ひとはそれぞれ
自分自身の人生を生きる主人公なのだから。

この本を手に取ってくれた皆さんの中にも、
もしも大人として生きる日々に
気を張りすぎていたり、
息苦しさを感じている方がいるならば、
この1冊にちりばめたわたしの言葉の中に
心がふっと軽くなるような
明日からの日々の足取りが軽くなるような、
そんなきっかけを見つけてもらえたら嬉しいです。

大切なものは、いつだってシンプル。
あなた自身が愛せる自分でいられること。
だからあなたらしさをしまい込まずに、
愛せる自分で日々を彩っていきましょう。

2020年秋、
ソファに座って子どもたちと
ラプンツェルを観ながら、自宅のリビングにて
　　　　　　　　　　　　　　　　　　AMO

STAFF LIST

構成・文	AMO
アートディレクション	會澤明香 (Mo-Green)
デザイン	佐藤里穂、松本夏芽、小山浩行 (Mo-Green)
撮影	花盛友里、斉藤秀明
ヘアメイク	山田大輔 (Cake.)
イラスト	坂内 拓
ディレクション・構成・文	柿本真希
マネジメント	坂口陽子、堤 有花、駒村惠利 (エー・プラス)
校正	麦秋アートセンター
DTP	グレン
撮影協力	五十嵐貴勇 (NASH)
	TOCビル (https://www.toc.co.jp/)

SHOP LIST

オフィス サプライズ　　📞 03-6228-6477
(P116の白ワンピース〈ADELLY〉)
トヨシマ　　📞 03-4334-6765
(P12-13のグリーンワンピース〈RELDI〉)
RUBY AND YOU　　📞 06-6694-6000

※本書に掲載している上記以外の洋服その他アイテムはすべて著者本人の私物のため、
　お問い合わせはご遠慮ください。また、販売終了している可能性もございます。

気づけば大人になっていたけれど、
わたしはわたしのままだった

2020年11月10日　第1刷発行

著者　　AMO

発行人　中村公則
編集人　滝口勝弘
編集担当　米本奈生
発行所　株式会社 学研プラス
　　　　〒141-8415　東京都品川区西五反田2-11-8

印刷所　大日本印刷株式会社

[この本に関する各種お問い合わせ先]
・本の内容については、下記サイトのお問い合わせフォームよりお願いします
　https://gakken-plus.co.jp/contact/
・在庫については　Tel 03-6431-1201 (販売部)
・不良品 (落丁、乱丁) については　Tel 0570-000577
　学研業務センター　〒354-0045 埼玉県入間郡三芳町上富279-1
・上記以外のお問い合わせは
　Tel 0570-056-710 (学研グループ総合案内)

©AMO 2020 Printed in Japan

本書の無断転載、複製、複写 (コピー)、翻訳を禁じます。
本書を代行業者等の第三者に依頼してスキャンやデジタル化することは、
たとえ個人や家庭内の利用であっても、著作権法上、認められておりません。

学研の書籍・雑誌についての新刊情報、詳細情報は下記をご覧ください。
学研出版サイト　https://hon.gakken.jp/